电子技术基础实验教程

主　编　周殿凤　徐　华
参　编　施文娟　沙春芳　陈红霞
　　　　康素成　卞月根　李文杰

东南大学出版社
SOUTHEAST UNIVERSITY PRESS
·南京·

内容提要

本书由实验基础知识、模拟电子技术实验、数字电子技术实验和附录四个部分组成。模拟电子技术实验和数字电子技术实验分别包含 14 个实验，既有验证性实验，也有设计性、综合性实验，实验内容丰富，可以用于物理学、电气工程及其自动化、电子信息工程、机械类、计算机科学与技术等专业的电子技术类课程实验教学。

本书通俗易懂、条理清晰，可作为高等学校相关专业的教材，也可供从事电子电气设计、应用类专业人员自学和参考。

图书在版编目(CIP)数据

电子技术基础实验教程 / 周殿凤,徐华主编. — 南京：东南大学出版社，2022.11
 ISBN 978-7-5766-0291-3

Ⅰ.①电… Ⅱ.①周… ②徐… Ⅲ.①电子技术—实验—高等学校—教材 Ⅳ.①TN-33

中国版本图书馆 CIP 数据核字(2022)第 199961 号

责任编辑：史 静　　责任校对：韩小亮　　封面设计：王 玥　　责任印制：周荣虎

电子技术基础实验教程
Dianzi Jishu Jichu Shiyan Jiaocheng

主　编	周殿凤　徐　华
出版发行	东南大学出版社
社　址	南京市四牌楼 2 号(邮编：210096　电话：025-83793330)
经　销	全国各地新华书店
印　刷	兴化印刷有限责任公司
开　本	787 mm×1092 mm　1/16
印　张	14.25
字　数	329 千字
版　次	2022 年 11 月第 1 版
印　次	2022 年 11 月第 1 次印刷
书　号	ISBN 978-7-5766-0291-3
定　价	42.00 元

本社图书若有印装质量问题，请直接与营销部联系，电话：025-83791830。

目 录

第一部分　实验基础知识

绪　论 ……………………………………………………………………………… (3)

第一章　元器件的识别 ……………………………………………………………… (8)

    第一节　电阻器 …………………………………………………………………… (8)

    第二节　电位器 …………………………………………………………………… (15)

    第三节　电容器 …………………………………………………………………… (18)

    第四节　电感器 …………………………………………………………………… (24)

    第五节　晶体二极管 ……………………………………………………………… (28)

    第六节　晶体三极管 ……………………………………………………………… (31)

    第七节　半导体场效应管 ………………………………………………………… (35)

    第八节　常用的电力半导体器件 ………………………………………………… (37)

    第九节　模拟集成电路 …………………………………………………………… (44)

第二章　误差分析与测量结果的处理 ……………………………………………… (47)

第三章　TTL 电路的使用规则 …………………………………………………… (53)

第四章　放大器干扰和噪声的抑制以及自激振荡的消除 ………………………… (54)

第二部分　模拟电子技术实验

实验一　常用电子器件的认识与检测 ……………………………………………… (59)

实验二　常用电子仪器的使用 ……………………………………………………… (65)

实验三　单级共射放大电路 ………………………………………………………… (70)

实验四　放大器的测量和调试 ……………………………………………………… (75)

实验五　射极跟随器 ………………………………………………………………… (80)

实验六　OTL 功率放大器 ………………………………………………………… (85)

实验七　差动放大器 ………………………………………………………………… (90)

实验八　负反馈放大器 ……………………………………………………………… (94)

实验九　RC 桥式正弦波振荡器 …………………………………………………… (100)

实验十　集成运算放大器 …………………………………………………… (103)
实验十一　模拟运算电路 …………………………………………………… (110)
实验十二　电压比较器 ……………………………………………………… (115)
实验十三　波形发生器 ……………………………………………………… (119)
实验十四　串联型直流稳压电源 …………………………………………… (124)

第三部分　数字电子技术实验

实验一　TTL 与非门参数的测试 …………………………………………… (131)
实验二　基本门电路逻辑功能的测试 ……………………………………… (137)
实验三　组合逻辑电路 ……………………………………………………… (142)
实验四　半加器和全加器 …………………………………………………… (145)
实验五　数码比较器 ………………………………………………………… (150)
实验六　触发器 ……………………………………………………………… (153)
实验七　触发器的转换 ……………………………………………………… (159)
实验八　计数器 ……………………………………………………………… (164)
实验九　集成计数器 ………………………………………………………… (169)
实验十　移位寄存器 ………………………………………………………… (172)
实验十一　时基电路 ………………………………………………………… (178)
实验十二　译码器和数码显示器 …………………………………………… (184)
实验十三　DAC 和 ADC …………………………………………………… (188)
实验十四　多谐振荡器 ……………………………………………………… (194)

附　　录

附录一　MF47 型万用表的使用 …………………………………………… (196)
附录二　DZX-3 型电子学综合实验装置简介 ……………………………… (200)
附录三　ATF××D 系列 DDS 函数信号发生器简介 ……………………… (202)
附录四　集成电路型号命名方法及产品系列 ……………………………… (208)
附录五　CMOS 集成电路 …………………………………………………… (211)
附录六　集成电路图 ………………………………………………………… (217)

参考文献 ……………………………………………………………………… (221)

第一部分
实验基础知识

绪　论

一、电子技术实验课的意义

电子技术是电工、电子类专业的一门重要的技术基础课，课程的显著特征之一是它的实践性。要想熟练掌握电子技术，除了要掌握基本元器件的原理、电子电路的基本组成及分析方法外，还要掌握电子器件及基本电路的应用技术，因而实验课已成为电子技术教学中的一个重要环节。通过实验，可使学生掌握器件的性能、参数及电子电路的内在规律、各功能电路间的相互影响，从而验证理论并发现理论知识的局限性。通过实践教学，可使学生进一步掌握基础知识、基本实验方法及基本实验技能。

电子电路的基本实验技能具体如下：

(1) 电路参数测量方法和技术。

(2) 电路参数调整技术，包括仪器设备选择技术（测量系统设计技术）、仿真研究技术、误差分析技术等。

(3) 电子电路系统结构实验分析技术，包括传递函数综合分析技术、频率特性实验分析技术等。

由于科学技术的飞速发展，社会对人才的要求越来越高，不仅要具有丰富的知识，还要具有更强的对知识的运用能力及创新能力，以适应新形势的要求。以往的实验教学中，主要偏重于验证性的内容，这种教学模式很难满足现代社会的要求。为适应面向21世纪教育的基本要求，提高学生对知识的综合运用能力及创新能力，实践课的内容有了相应改变。在本课程体系中，将传统的实验教学内容划分为基础验证性实验、设计性实验、综合性实验、研究性实验这样几个层次。

通过基础验证性实验教学，可使学生掌握器件的性能、电子电路基本原理及基本的实验方法，从而验证理论并发现理论知识在实际应用中的局限性，培养学生从枯燥的实验数据中总结规律、发现问题的能力。

通过设计性实验教学，可提高学生对基础知识、基本实验技能的运用能力，掌握参数及电子电路的内在规律，真正理解电路中参数"量"的差别和工作"状态"的差别。

通过综合性实验教学，可提高学生对单元功能电路的理解，了解各功能电路间的相互影响，掌握各功能电路之间参数的衔接和匹配关系以及模拟电路和数字电路之间的结合，提高学生综合运用知识的能力。

通过研究性实验教学，使学生参与教师的科研课题，实验中的相关知识以学生自学为主，配合具体的题目，培养学生的科研能力。

二、电子技术实验课的目的

电子技术实验课的目的是加强学生对电子技术基础知识的掌握，使学生通过实验过程掌握电子电路基本的实验技能。电子实验技术课要求学生达到的目标可概括为以下几个主要方面：

（1）学习一定的元器件使用技术。学会识别元器件的类型、型号、规格，并能根据设计的具体要求选择元器件。元器件是组成电子电路的基本单元，通过导线把不同的元器件连接在一起就组成了电子电器。所以，电子电路实验中的一个核心问题就是元器件的正确使用。元器件的正确使用包括器件电气特性的了解和正确使用、器件机械特性的了解和正确操作、器件管脚的正确识别与使用等。电子电路实验中的许多故障往往是由于元器件使用不当所造成的。因此，正确使用电子元器件是电子技术实验课的基本教学内容。

（2）得到一定的基本技能训练，如焊接、组装等基本技能。要实现一个电子电路，必须对电路中各种不同的元器件实现正确的电路连接。电路连接技术虽然不像元器件的使用技术那样复杂，但对于不同的电子元器件应当采用什么样的连接方法、什么样的连接是正确的，要作出准确判断也不是一件容易的事，需要在电子电路实验课中不断地认识、实践，经过反复操作练习才能掌握正确的电路连接技术。此外，电路连接技术还将直接影响电路的基本特征和安全性，需要在电子电路实验中不断地学习总结。电路连接技术是电子技术实验课的基本教学内容之一，也是必须掌握的一项基本技术。

（3）学到一定的仪器使用技术。电子电路实验的一个重要内容就是各类电子仪器（如万用表、示波器、信号源、稳压电源等）的使用和操作技术。电子仪器的使用包括两个方面的含义，一个方面是仪器本身技术特性的应用，另一个方面是被测电路的基本技术特性的应用。只有使仪器本身技术特性与被测电路的技术特性相对应，才能取得良好的测量结果。对于电工、电子类专业的学生来说，正确操作电子仪器是基本学科素质和工程素质之一。在电子技术实验课中，必须十分注重学习并掌握各种仪器设备的正确使用和操作方法。

（4）学到一定的测量系统设计技术。在进行电子电路设计和调试时，需要使用各种不同的仪器设备对电路进行测量，以便确定电路的状态，判断电路是否按设计要求工作并达到了设计指标。为了保证测量对电路没有影响，在电子电路设计和实验中还必须对测量系统进行设计，以决定采用什么样的测量系统和如何进行测量。测量系统设计的基本依据是电子电路的电路参数特征，例如电路的最高电压、最高频率、输入和输出电阻、电路的频率特性等。测量系统设计技术不仅涉及测量仪器的相关知识，还直接与电子电路系统结构有关，因此测量系统设计技术是一个综合技术。测量系统技术是电子技术实验课的基本教学内容之一，只有合理的测量系统设计，才能保证测量结果的正确性。

（5）学到一定的仿真分析技术。仿真分析是一项以计算机和电子技术理论为基础的电子电路实验技术。对于现代电子工程技术人员来说，必须十分注重使用计算机仿真技术。计算机仿真技术不仅可以节省电路设计和调试的时间，而且可以节约大量的硬件费用。电子系统的计算机仿真技术已经成为现代电子技术中的一个重要组成部分，也已经成为现代电子工程技术人员的基本技术和工程素质之一。因此，电子技术实验课的一个重要内容就是学习使用相关的电子电路设计和仿真软件。在一个电路进入实际制作和调试之前，先用计算机进行仿真，使电路设计合理，并使用仿真软件对电路进行测试，这是电子电路实验课的基本内容之一。

(6) 学到一定的测量结果分析技术。电子电路的一个特点是,电路的功能可以直接从调试过程中得到证实,而有关的技术指标和一些技术特征则需要通过对测量结果数据进行分析处理才能得到。因此,处理实验中的测量结果是电子电路实验的一项基本技术。

(7) 能够利用实验的方法完成具体任务,如根据具体的实验任务拟定实验方案(测试电路、仪器、测试方法等),独立地完成实验,对实验现象进行理论分析,并通过实验数据的分析得到相应的实验结果,撰写规范的实验报告等。

(8) 具有独立解决问题的能力,如独立地完成某一设计任务(查阅资料、确定方案、选择器件、安装调试),从而具有一定的科学研究能力。

(9) 具有实事求是的科学态度和踏实细致的工作作风。

三、电子技术实验课的特点及学习方法

1) 电子技术实验课的特点

电子技术实验课具有以下一些特点:

(1) 电子器件(如半导体管、集成电路等)品类繁多,特性各异。在进行实验时,首先就面临如何正确、合理地选择电子器件的问题。如果选用不当,将难以获得满意的实验结果,甚至造成电子器件的损坏。因此,必须对所用电子器件的性能有所了解。

(2) 电子器件(特别是模拟电子器件)的特性参数分散性大,电子元件(如电阻、电容等)的元件值也有较大的偏差。这使得实际电路性能与设计要求有一定的差异,实验时就需要进行调试。调试电路所花费的精力有时甚至会超过制作电路所花费的精力。

(3) 模拟电子器件的特性大多是非线性的。因此,在使用模拟电子器件时会面临如何合理地选择与调整工作点以及如何使工作点稳定的问题。而工作点是由偏置电路确定的,因此偏置电路的设计与调整在模拟电子电路设计中占有极其重要的地位。此外,模拟电子器件的非线性特性使得模拟电子电路的设计难以精确,因此通过实验进行调试是必不可少的。

(4) 模拟电子电路的输入和输出关系具有连续性、多样性与复杂性,这就决定了模拟电子电路测试手段的多样性与复杂性。针对不同的问题采用不同的测试方法,是模拟电子电路实验的特点之一。数字电子电路的输入和输出关系虽然比较简单,但应十分清楚各测试点电平之间的逻辑关系或时序关系。

(5) 测试仪器的非理想特征(如信号源具有一定的内阻、示波器和毫伏表输入阻抗不够高等)会对被测电路的工作状态有影响。了解这种影响,选择合适的测试仪器和分析由此引起的测试误差,是模拟电子电路实验中的一个不可忽视的问题。

(6) 电子电路中的寄生参数(如分布电容、寄生电感等)和外界的电磁干扰在一定条件下可能对电路特性有重大影响,甚至因产生自激而使电路不能工作。这种情况在工作频率高时尤易发生。因此,元件的合理布局和合理连接方式、接地点的合理选择和地线的合理安排、必要的去耦和屏蔽措施等在模拟电子电路实验中是相当重要的。

(7) 电子电路(特别是模拟电子电路)各单元电路相互连接时经常会遇到匹配问题。尽管各单元电路都能正常工作,若未能做到很好地匹配,则相互连接后的总体电路也可能不能

正常工作。为了做到匹配,除了在设计时就要考虑到这一问题,选择合适的元件参数或采取某些特殊的措施外,在实验时也要注意到这一问题。

上述特点决定了电子电路实验的复杂性,也决定了学生实验能力和实际经验的重要性。了解这些特点,对掌握电子电路实验技术、分析实验中出现的问题和提高实验能力是很有益的。

2) 电子技术实验课的学习方法

为了学好电子技术实验课,在学习时应注意以下几点:

(1) 掌握实验课的学习规律。实验课是以实验为主的课程,每个实验都要经历预习、实验和总结三个阶段,每个阶段都有明确的任务与要求。

① 预习:预习的任务是弄清实验的目的、内容、要求、方法及实验中应注意的问题,并拟定出实验步骤,画出记录表格。此外,还要对实验结果做出估计,以便在实验时可以及时检验实验结果的正确性。预习是否充分将决定实验能否顺利完成和收获的大小。

② 实验:实验的任务是按照预定的方案进行实验。实验的过程既是完成实验的过程,又是锻炼实验能力和培养实验作风的过程。在实验过程中,既要动手,又要动脑,要养成良好的实验作风,要做原始的实验记录,要分析与解决实验中遇到的各种问题。

③ 总结:总结的任务是在实验完成后,整理实验数据,分析实验结果,总结实验收获和写出实验报告。这一阶段是培养总结归纳能力和编写实验报告能力的主要手段。实验收获的大小,除了取决于预习和实验外,总结也有很重要的作用。

(2) 应用已学理论知识指导实验的进行。首先要从理论上来研究实验电路的工作原理与特性,然后再制订实验方案。在调试电路时,也要用理论来分析实验现象,从而确定调试措施。盲目调试是错误的,虽然有时也能获得正确的结果,但对调试电路能力的提高不会有什么帮助。对实验结果正确与否及实验结果与理论的差异也应从理论的高度来进行分析。

(3) 注意实验知识与经验的积累。实验知识与经验需要靠长期积累才能丰富起来。在实验过程中,对于所用的仪器与元器件,要记住它们的型号、规格和使用方法;对于实验中出现的各种现象和故障,要记住它们的特征;对于实验中的经验教训,要进行总结。为此,可准备一本"实验知识与经验记录本",及时进行记录与总结。这不仅对当前的学习有用,而且可供以后查阅。

(4) 增强自觉提高实际工作能力的意识。要将实际工作能力的培养由被动变为主动。在学习过程中,要有意识地、主动地培养自己的实际工作能力。不应依赖老师的指导,而应力求自己解决实验中的各种问题。要不怕困难与失败,从一定意义上来说,困难与失败正是提高自己实际工作能力的良机。

三、电子技术实验课的要求

为确保实验的顺利完成并达到预期的目的,实验的学习和教学按如下程序进行,实验成绩亦由以下诸项因素决定:

1) 预习的要求

(1) 实验前,认真阅读实验指导书,明确实验任务,了解实验内容。

（2）了解相关仪器设备在实验中的使用方法。

（3）根据理论知识分析实验电路的结构，了解电路中重要元器件的作用（设计实验的要求则为：能根据设计任务的要求，选用合适的电路形式，正确设计电路参数及自拟调试步骤）。因实验独立设课，难以保证与理论课完全同步进行，实验要用到的相关理论知识要提早自学。

（4）至少完成实验报告的前三项（实验目的、实验设备与器件、实验原理），在实验原始数据记录纸上画好记录实验数据所需的表格。

（5）估计和预测实验数据的取值范围以及曲线的走势。

2) 现场操作的要求

（1）按时进入实验室参加实验，两人一组，并应在规定的时间内完成实验任务。

（2）实验结束后，勿拆实验连线，待实验数据经老师审查签名后，拆解连线并整理好实验台后方可离开。

（3）严格按照《实验现场的操作规范》的要求进行操作。

① 当实验过程中遇到故障时，应保持冷静，分析原因，并能在教师的指导下独立排除故障；

② 对测试参数做到心中有数，数据采集完整、无误；

③ 教师按《实验现场评价细则》，对每人每次的实验现场操作予以评价。

3) 实验报告的要求

实验报告是在预习报告的基础上，加入数据的处理、排除故障的说明、结果分析等内容。对实验报告的整体要求是：

（1）实验报告用专用的实验报告纸书写，并注明实验台号，上交时应装订整齐。

（2）实验报告所用的电路图需用直尺或绘图工具描画，勿徒手绘图；字体工整，不应有涂改。

（3）实验报告中所有的曲线都用同一颜色的笔描绘在坐标纸上。

（4）实验报告应具备实验现场教师的签名原始记录。

（5）实验报告分为基础实验报告和设计性实验报告（格式见具体实验）两类，请根据不同的实验类型严格按照规定的格式撰写。

第一章　元器件的识别

第一节　电阻器

电阻器是电子电器设备中用得最多的基本元件之一。它的种类繁多,形状各异,功率也各有不同,在电路中用来控制电流、分配电压。

一、电阻器的命名方法

根据国家标准 GB/T 2470—1995 的规定,固定电阻器的型号由图 1-1 所示几部分组成,材料和特征的具体含义见表 1-1-1 和表 1-1-2。

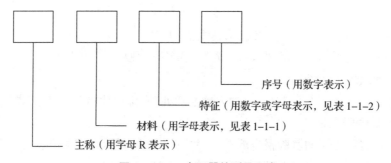

图 1-1-1　电阻器的型号组成

表 1-1-1　电阻器的材料的字母代号及其意义

字母代号	意义	字母代号	意义
C	沉积膜或高频瓷	S	无机实心
F	复合膜	O	玻璃膜
H	合成碳膜	T	碳膜
I	玻璃釉膜	U	硅碳膜
J	金属膜(箔)	X	线绕
N	无机实心	Y	氧化膜

表 1-1-2 电阻器的特征的数字或字母代号及其意义

代号	意义	代号	意义
1	普通	9	特殊（如熔断型）
2	普通	B	不燃性
3	超高频	C	防潮
4	高阻	T	可调
5	高温	X	小型
7 或者 J	精密	Y	被釉
8	高压		

① 对材料、特征相同，仅尺寸和性能指标略有差别但基本上不影响互换性的产品可以给同一序号。

② 对材料、特征相同，仅尺寸和性能指标有所差别但已明显影响互换性时（该差别并非本质的，而属于在技术标准上进行统一的问题），仍给同一序号，但在序号后面用一字母作为区别代号，此时该字母作为该型号的组成部分。

例如，RJ71 表示精密金属膜电阻器。

二、电阻器的分类

电阻器按结构形式的不同，可分为固定电阻器和可调电阻器两大类。固定电阻器的电阻值是固定不变的，阻值大小就是它的标称阻值；可调电阻器主要指滑动电阻器、电位器，它们的阻值可以在小于标称值的范围内变化。

电阻器按材料的不同，可分为薄膜类电阻器、合金类电阻器、合成类电阻器、敏感类电阻器。

1）薄膜类电阻器

薄膜类电阻器是在玻璃或陶瓷基体上沉积一层碳膜、金属膜、金属氧化膜等形成电阻薄膜而制成的电阻器，膜的厚度一般在几微米以下。

(1) 金属膜电阻器(型号：RJ)。该电阻器在陶瓷骨架表面，经真空高温或烧渗工艺蒸发沉积一层金属膜或合金膜，其特点是精度高、稳定性好、噪声低、体积小、高频特性好，且允许工作环境温度范围大($-55\ ℃\sim +125\ ℃$)、温度系数低$[(50\sim 100)\times 10^{-6}/℃]$。金属膜电阻器目前是组成电子电路应用最广泛的电阻之一，常用额定功率有 1/8 W、1/4 W、1/2 W、1 W、2 W 等，标称阻值在 10 Ω～10 MΩ 之间。

(2) 金属氧化膜电阻器(型号：RY)。该电阻器在玻璃、瓷器等材料上，通过高温以化学反应形式生成以二氧化锡为主体的金属氧化层，由于氧化膜膜层比较厚，因而具有极好的脉冲、高频和过负荷性能，且耐磨、耐腐蚀、化学性能稳定，但其阻值范围窄，温度系数比金属膜电阻差。

(3) 碳膜电阻器(型号：RT)。该电阻器在陶瓷骨架表面上，将碳氢化合物在真空中通过高温蒸发分解沉积成碳结晶导电膜。碳膜电阻器价格低廉，阻值范围宽(10 Ω～10 MΩ)，温度系数为负值，常用额定功率为 1/8 W～10 W，精度等级为±5%、±10%、±20%，在一般电子产品中被大量使用。

　　2）合金类电阻器

　　合金类电阻器是用块状电阻合金拉制成合金线或碾压成合金箔制成的电阻器,主要包括：

　　（1）线绕电阻器(型号:RX)。该电阻器将康铜丝或镍铬合金丝绕在磁管上,并将其外层涂以珐琅或玻璃釉加以保护。线绕电阻器具有高稳定性、高精度、大功率等特点,其温度系数可做到小于 $10^{-6}/℃$,精度高于 $±0.01\%$,最大功率可达 200 W。线绕电阻器的缺点是自身电感和分布电容比较大,不适合在高频电路中使用。

　　（2）精密合金箔电阻器(型号:RJ)。该电阻器是在玻璃基片上粘一块合金箔,用光刻法蚀出一定图形,并涂敷环氧树脂保护层,引线封装后形成。精密合金箔电阻器的最大特点是具有自动补偿电阻温度系数功能,故精度高、稳定性好、高频响应好,其精度可达 $±0.001\%$,稳定性为 $±5×10^{-4}\%/年$,温度系数为 $±10^{-6}/℃$,可见它是一种高精度电阻。

　　3）合成类电阻器

　　合成类电阻器是将导电材料与非导电材料按一定比例混合成不同电阻率的材料后制成的电阻器。该电阻器最突出的优点是可靠性高,但电特性比较差,常在某些特殊的领域内使用(如航空航天工业、海底电缆等)。合成类电阻器的种类比较多,按用途可分为通用型、高阻型和高压型等。

　　（1）金属玻璃釉电阻器(型号:RI)。该电阻器以无机材料做黏合剂,用印刷烧结工艺在陶瓷基体上形成电阻膜,具有较高的耐热性和耐潮性,常用于制成小型化贴片式电阻。

　　（2）实心电阻器(型号:RS)。该电阻器用有机树脂和碳粉合成电阻率不同的材料后热压而成,其体积与相同功率的金属膜电阻器相当,但噪声比金属膜电阻器大。实心电阻器的阻值范围为 4.7 Ω～22 MΩ,精度等级为 $±5\%$、$±10\%$、$±20\%$。

　　（3）合成膜电阻器(型号:RH)。合成膜电阻器可制成高压型电阻和高阻型电阻。高阻型电阻的阻值范围为 $10～10^6$ MΩ,允许误差为 $±5\%$、$±10\%$；高压型电阻的阻值范围为 47～1 000 MΩ,耐压分 10 kV 和 35 kV 两挡。

　　（4）厚膜电阻网络(电阻排)。它是以高铝瓷做基体,综合掩膜、光刻、烧结等工艺,在一块基片上制成多个参数性能一致的电阻,连接成电阻网络,也叫集成电阻。集成电阻的特点是温度系数小,阻值范围宽,参数对称性好,目前已越来越多地被应用在各种电子设备中。

　　4）敏感类电阻器

　　使用不同材料和工艺制造的半导体电阻器,具有对温度、光照度、湿度、压力、磁通量、气体浓度等非电物理量敏感的性质,这类电阻器叫敏感电阻器。利用这些不同类型的电阻,可以构成检测不同物理量的传感器。这类电阻器主要应用于自动检测和自动控制领域。

三、电阻器的主要参数

　　电阻器的主要参数有:标称阻值、允许误差、额定功率、最高工作温度、最高工作电压、静噪声电动势、温度特性、高频特性等。一般情况下仅需考虑前三项参数,后几项参数只在特殊需要时才考虑。

1) 标称阻值

电阻器的标称阻值是按国家规定的阻值系列标注的,如表 1-1-3 所示。因此选用电阻器时,必须按国家规定的阻值范围去选用。使用时将表中的标称值乘以 10^n(n 为整数)就可得到一系列阻值。例如:表 1-1-3 中电阻器标称值为 1.5 的就有 1.5 Ω、15 Ω、150 Ω、1.5 kΩ 等。

表 1-1-3 电阻器的标称阻值系列

阻值系列	允许误差	偏差等级	电阻标称值											
E24	±5%	Ⅰ	1.0	1.1	1.2	1.3	1.5	1.6	1.8	2.0	2.2	2.4	2.7	3.0
			3.3	3.6	3.9	4.3	4.7	5.1	5.6	6.2	6.8	7.5	8.2	9.1
E12	±10%	Ⅱ	1.0		1.2		1.5		1.8		2.2		2.7	
			3.3		3.9		4.7		5.6		6.8		8.2	
E6	±20%	Ⅲ	1.0				1.5				2.2			
			3.3				3.9		4.7		5.6		6.8	8.2

标称阻值的表示方法有直标法、文字符号法、色标法。

① 直标法:在电阻器的表面直接用数字和单位符号标出产品的标称阻值,其允许误差直接用百分数表示,如图 1-1-2 所示。直标法的优点是直观,一目了然,但体积小的电阻器上无法这样标注。

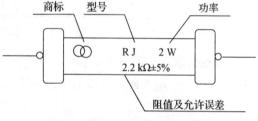

图 1-1-2 电阻的直标法

② 文字符号法:在电阻器的表面用文字、数字有规律地组合来表示阻值,阻值的符号和阻值精度的描述都有一定的规则。例如:如图 1-1-3(a)所示的电阻为 47 kΩ、Ⅰ级精度;如图 1-1-3(b)所示的电阻为 3 MΩ、Ⅱ级精度。

图 1-1-3 电阻的文字符号法

阻值符号规定为:欧姆(10^0 欧姆)用 Ω 表示,千欧(10^3 欧姆)用 kΩ 表示,兆欧(10^6 欧姆)用 MΩ 表示,吉欧(10^9 欧姆)用 GΩ 表示,太欧(10^{12} 欧姆)用 TΩ 表示。

精度符号规定为:普通电阻的误差一般分为三级,即 ±5%、±10%、±20%,分别用 Ⅰ、Ⅱ、Ⅲ 符号表示。

③ 色标法:用不同色环标明阻值及误差,具有标志清晰、从各个角度都容易看清标志的优点。

普通电阻用 4 条色环表示标称阻值和允许误差,其中 3 条表示阻值,1 条表示误差,详见图 1-1-4 及表 1-1-4。

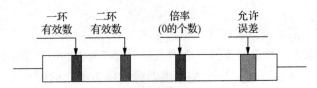

图 1-1-4　普通电阻四色环表示说明

表 1-1-4　四色环电阻颜色标记

颜色	黑	棕	红	橙	黄	绿	蓝	紫	灰	白	金	银	无色
有效数值	0	1	2	3	4	5	6	7	8	9			
倍率	10^0	10^1	10^2	10^3	10^4	10^5	10^6	10^7	10^8	10^9	10^{-1}	10^{-2}	
允许误差								+50%~-20%			±5%	±10%	±20%

例如：电阻器上的色环依次为棕、红、黑、银，这表示该电阻器为 12 Ω±10% 的电阻器；如果是红、黄、红、金，这表示该电阻器为 2.4 kΩ±5% 的电阻器。

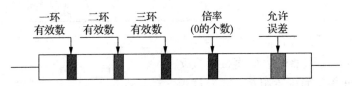

图 1-1-5　精密电阻五色环表示说明

精密电阻用 5 条色环表示标称阻值和允许误差，如图 1-1-5 及表 1-1-5 所示。需特别注意的是，电阻的标称值的单位是欧姆（Ω）。

表 1-1-5　五色环电阻颜色标记

颜色	黑	棕	红	橙	黄	绿	蓝	紫	灰	白	金	银
有效数值	0	1	2	3	4	5	6	7	8	9		
倍率	10^0	10^1	10^2	10^3	10^4	10^5	10^6	10^7	10^8	10^9	10^{-1}	10^{-2}
允许误差		±1%	±2%			±0.5%	±0.25%	±0.1%				

例如：电阻器上的色环依次为棕、蓝、绿、黑、棕，则表示该电阻器为 165 Ω±1% 的电阻器。

2）允许误差

电阻器的实际阻值并不完全与标称阻值相符，存在着误差。允许误差是指电阻器实际阻值对于标称值的最大允许偏差范围。普通电阻的允许误差一般分为三级，即±5%、±10%、±20%，或用Ⅰ、Ⅱ、Ⅲ表示。精密电阻的允许误差也分为三级，即±0.5%、±1%、±2%，或用 005、01、02 表示。误差越小，表明电阻器的精度越高。对于电阻器的允许误差，在一般电路中选择±10%、±20% 即可。线绕电阻器的允许误差一般小于±10%，非线绕电阻器的允许误差一般小于±20%。

3) 额定功率

电阻器接入电路后,通过电流时便会发热,当温度过高将会烧毁电阻器。所以不但要选择电阻器阻值,还要正确选择电阻器额定功率。电阻器的额定功率是在规定的环境温度和湿度下,假定周围空气不流通,在长期连续负载而不损坏或基本不改变性能的情况下,电阻器上允许消耗的最大功率。当超过额定功率时,电阻器的阻值将发生变化,甚至发热烧毁。为保证安全使用,一般选择额定功率比其在电路中消耗的功率高1~2倍。额定功率分为19个等级,常用的有 1/20 W、1/8 W、1/4 W、1/2 W、1 W、2 W、4 W、5 W。在电路图中,通常不加功率标注的电阻器均为 1/8 W 的。如果电路对电阻器的功率值有特殊要求,就按图1-1-6所示的符号标注,或用文字说明。

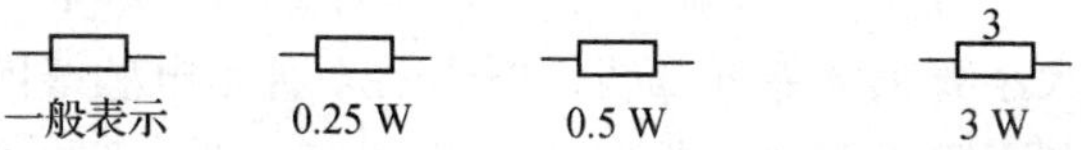

| 一般表示 | 0.25 W | 0.5 W | 3 W |

注:大于1 W用数字表示

图1-1-6 电阻器功率标注

电阻器的额定功率一般不能选择得过大,但也不能过小。过大势必会增大电阻器的体积,过小则会烧毁电阻器。一般情况下所选用的电阻器的阻值应使额定功率大于实际消耗功率的2倍左右,以确保电阻器的可靠性。

4) 最高工作电压

最高工作电压是由电阻器最大电流密度、电阻体击穿及其结构等因素所规定的工作电压限度。对阻值较大的电阻器,当工作电压过高时,虽其功率不超过规定值,但内部会发生电弧火放电,导致电阻器变质损坏。一般 1/8W 碳膜电阻器和金属膜电阻器的最高工作电压分别不能超过 150 V 和 200 V。

四、选用电阻器常识

(1) 在选择电阻器的阻值时,应根据设计电路时的理论计算电阻值,在最靠近的标称值系列中选用。普通电阻器(不包括精密电阻器)阻值标称系列值见表1-1-6,实际电阻器的阻值为表中的数值乘以 10^n(n 为整数)。

表1-1-6 电阻器阻值标称系列值

允许偏差	阻值/Ω
±5%	1.0、1.1、1.2、1.3、1.5、1.6、1.8、2.0、2.2、2.4、2.7、3.0、3.3、3.6、3.9、4.3、4.7、5.1、5.6、6.2、6.8、7.5、8.2、9.1
±10%	1.0、1.2、1.5、1.8、2.2、2.7、3.3、3.9、4.7、5.6、6.8、8.2
±20%	1.0、1.5、2.2、3.3、4.7、6.8

(2) 根据理论计算电阻器在电路中消耗的功率,合理选择电阻器的额定功率。为提高设备的可靠性,延长使用寿命,一般按额定功率为实际功率的1.5~3倍来选定。普通电阻器额定功率标称系列值见表1-1-7。

表 1-1-7　电阻器额定功率标称系列值

电阻器类型	额定功率/W
线绕电阻器	0.05、0.125、0.25、0.5、1、2、4、8、10、16、25、40、50、75、100、150、250、500
非线绕电阻器	0.05、0.125、0.25、0.5、1、2、5、10、25、50、100

(3) 根据电路的具体要求选用适当类型的电阻器。如在稳定性、耐热性、可靠性要求比较高的电路中,应选用金属膜或金属氧化膜电阻器;对于要求功率大、耐热性能好,工作频率要求不高的电路,可选用线绕电阻器;对于无特殊要求的一般电路,可使用碳膜电阻器,以降低成本。

一个电阻器可等效成一个 R、L、C 二端线性网络,如图 1-1-7 所示。不同类型的电阻器,其 R、L、C 三个参数的大小有很大差异。线绕电阻器本身是电感线圈,所以不能用于高频电路中;薄膜电阻器中,若电阻体上刻有螺旋槽,工作频率在 10 MHz 左右,未刻螺旋槽的(如 RY 型)工作频率则更高。

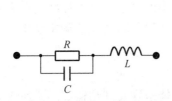
图 1-1-7　电阻器的等效电路

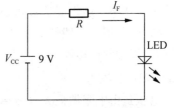
图 1-1-8　发光二极管组成的电路

例如:由发光二极管组成的电路如图 1-1-8 所示。设流过发光二极管的正向电流 $I_F = 12$ mA,发光二极管的正向压降约 1.8 V,试选定限流电阻 R。

解:计算电阻 R 的理论值为

$$R = \frac{V_{CC} - V_F}{I_F} = \frac{9 \text{ V} - 1.8 \text{ V}}{12 \text{ mA}} = 600 \text{ }\Omega$$

根据表 1-1-6,实际选择电阻值 $R = 620$ Ω。

电阻器实际消耗的功率 $P \approx I_F^2 R = (12 \times 10^{-3})^2 \times 620 \approx 0.089(\text{W})$。

实际选用电阻器的额定功率为 0.25 W。由于该电阻器不必是高精度的,温度特性也不必特别考虑,故选用一般碳膜电阻器即可。

(4) 电阻器装接前应进行测量、核对,尤其是在精密电子仪器设备装配时,还需经人工老化处理,以提高稳定性。

(5) 在装配电子仪器时,若选用非色环电阻,则应将电阻标称值标志朝上,且标志顺序一致,以便于观察。

(6) 焊接电阻时,烙铁停留时间不宜过长。

(7) 电路中如需串联或并联电阻器来获得所需阻值时,应考虑其额定功率。阻值相同的电阻器串联或并联时,额定功率等于各个电阻器的额定功率之和。阻值不同的电阻器串联时,额定功率取决于高阻值电阻器;并联时,取决于低阻值电阻器,且需计算后方可应用。

五、电阻器的检测方法

1)电阻器额定功率的简易判断

小型电阻器的额定功率一般并不在电阻体上标出,但根据电阻器长度和直径大小是可以确定其额定功率值大小的。表1-1-8列出了常用的不同长度、直径的碳膜电阻器和金属膜电阻器所对应的额定功率值。

表1-1-8 RT、RJ型电阻器的长度、直径与额定功率关系

额定功率/W	碳膜电阻器(RT)		金属膜电阻器(RJ)	
	长度/mm	直径/mm	长度/mm	直径/mm
1/8	11	3.9	6~7	2~2.5
1/4	18.5	5.5	7~8.3	2.5~2.9
1/2	28.5	5.5	10.8	4.2
1	30.5	7.2	13	6.6
2	48.5	9.5	18.5	8.6

2)测量实际电阻值

(1)将万用表的功能选择开关旋至适当量程的电阻挡,先调整零点,再进行测量。在测量中,每次变换量程时都必须重新调零后再使用。

(2)按图1-1-9所示的正确测法,将两表笔(不分正负)分别与电阻的两端相接即可测出实际电阻值。

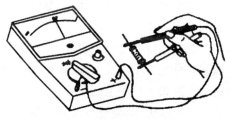

图1-1-9 电阻的正确测法

3)测量操作注意事项

(1)测量时,特别是在测几十千欧以上阻值的电阻时,手不要触及表笔和电阻的导电部分。

(2)被测电阻必须从电路中焊下来,至少要焊开一个头,以免电路中的其他元件对测量产生影响,造成测量误差。

(3)色环电阻的阻值虽然能以色环标志来确定,但在使用时最好还是用万用表测量一下其实际阻值。

第二节 电 位 器

电位器为可变式电阻器,它的阻值可以在某一范围内变化。可变式电阻器分为滑线式变阻器和电位器,其中应用最广泛的是电位器。

一、电位器的分类

(1) 按电阻体材料的不同可分为薄膜和线绕两种。在电位器的外壳上标有该电位器的型号、阻值和误差,型号部分类别符号的意义如表 1-1-9 所示。

表 1-1-9 电位器的类别符号

电位器的类别		标志符号
薄膜	小型碳膜电位器	WTX
	合成碳膜电位器	WTH(WH)
	多圈合成膜电位器	WHD
	有机实芯电位器	WS
	玻璃釉电位器	WI
	精密合成膜电位器	WHJ
线绕电位器		WX

薄膜电位器包含碳膜电位器和金属膜电位器,其中碳膜电位器使用较为广泛。碳膜电位器是采用碳粉和树脂的混合物,喷涂于马蹄形胶版上制成的,其阻值连续可调、分辨率高,阻值范围大(约 $100\ \Omega \sim 4.7\ M\Omega$),工作频率范围宽;但其功率较大(约 2 W),且受湿度和温度的影响较大。

线绕电位器是用电阻丝绕在绝缘支架上,再装入基座内并配上转动系统而组成的,其阻值为几欧至几十千欧。线绕电位器的最大优点是耐热性能好,能承受较大功率,且精度高,适用于低频大功率电路中。

一般来说,线绕电位器的误差不大于±10%,非线绕电位器的误差不大于±2%。

(2) 按调节方式的不同可分为旋转式电位器和直滑式电位器。

(3) 按结构的不同可分为单圈电位器和多圈电位器,单联电位器和双联电位器,带开关电位器和不带开关电位器,锁紧型电位器和非锁紧型电位器。

(4) 按用途的不同可分为普通电位器、精密电位器、功率电位器、微调电位器和专用电位器等。

(5) 按阻值转角变化关系的不同可分为线性电位器和非线性电位器。

二、电位器的使用

实验中常用的碳膜电位器的外形如图 1-1-10 所示,电位器有三个接线端子,其中 1、3 端为电阻固定端(两端阻值为标称值),2 端为电阻可调端。当一端取固定端,另一端取可调端时,通过旋转转轴能使两端电阻值在标称值与最小值之间变化。电位器的金属外壳引出接地焊片,用于屏蔽外界干扰。

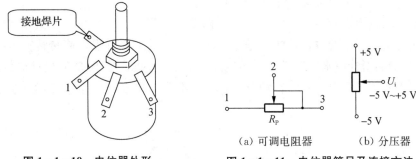

图 1-1-10　电位器外形　　图 1-1-11　电位器符号及连接方法

电位器可用作可调电阻器,常用的连接方法如图 1-1-11(a)所示,将可调端 2 与固定端的任意一个(1 或 3)短接(这是为了防止可调端的活动触点接触不良而导致电路断路)。电位器也可用作分压器,在如图 1-1-11(b)所示电路中,当旋转电位器转轴,在可调端 2 上 U_i 可得到 $-5\sim+5$ V 之间的任意电压值。

三、电位器的选用

(1) 电位器结构和尺寸的选择

选用电位器时应该注意电位器的尺寸大小、转轴的长短、轴上是否需要锁紧装置等。对于经常调节的电位器,应选择轴端铣成平面的,以便安装旋钮;对于不经常调整的电位器,可选择轴端带有刻槽的;对于一经调好就不再变动的电位器,可选择带锁紧装置的。

(2) 电位器额定功率的选择

电位器的额定功率可按固定电阻器的功率公式计算,但式中的电阻值应取电位器的最小电阻值,电流值应取电阻值为最小时流过电位器的电流值。

(3) 电位器阻值变化特征的选择

应根据用途选择,如音量控制电位器应选用指数式或用直线式代替,但不宜使用对数式;用作分压器时,应选用直线式;用于音调控制时,应选用对数式,或用其他形式代替,但效果较差。

另外,还需选择转轴旋转灵活、松紧适当、无机械噪声的电位器。对于带开关的电位器,还应检查其开关是否良好。

四、电位器的检测方法

检查电位器时,首先要转动转轴,看看转轴是否平滑,开关是否灵活,开关通、断时"喀哒"声是否清脆,并听一听电位器内部接触点和电阻体摩擦的声音,如有"沙沙"声,说明质量不好。用万用表检测时,先根据被测电位器阻值的大小选择好万用表的合适电阻挡位,然后可按下述方法进行检测:

(1) 测量电位器的标称阻值

用万用表的欧姆挡测电位器两固定端,其读数应为电位器的标称阻值。如用万用表测量时表针不动或阻值相差很多,则表明该电位器已损坏。

(2) 检测电位器的活动臂与电阻片的接触是否良好

用万用表的欧姆挡测"1""2"(或"2""3")两端,如图1-1-12所示,将电位器的转轴按逆时针方向旋至接近关的位置,这时电阻值越小越好。再顺时针慢慢旋转转轴,电阻值应逐渐增大,表头中的指针应平稳移动。当转轴旋至极端位置"3"时,阻值应接近电位器的标称值。如万用表的指针在电位器的转轴旋转过程中有跳动现象,说明活动触点有接触不良的故障。

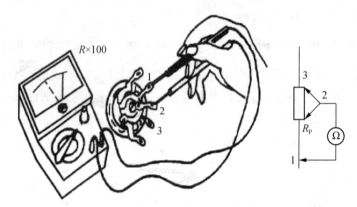

图1-1-12 检测电位器活动臂与电阻片的接触情况

(3) 测试开关的好坏

对于带有开关的电位器,检查时可用万用表的$R\times 1$挡测"4""5"两焊片间的通、断情况是否正常。具体操作方法如图1-1-13所示。

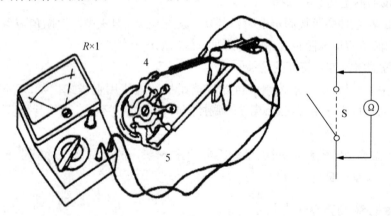

图1-1-13 检测电位器开关好坏

第三节 电容器

电容器简称电容,它是由两个金属极,中间夹有绝缘材料(绝缘介质)构成的,由于绝缘材料不同,所以构成的电容器的种类也不同。

电容在电路中具有隔断直流电、通过交流电的特点,因此常用于级间耦合、滤波、去耦、旁路及信号调谐等方面。

一、电容器的分类

（1）按结构的不同可分为固定电容器、可调电容器、半可调电容器。

（2）按介质材料的不同可分为气体介质电容器、液体介质电容器、无机固体电容器。其中无机固体电容器最常见，如云母电容器、陶瓷电容器、电解电容器。

（3）按极性可分为有极性电容和无极性电容。电容器接入电路时要分清极性，正极接高电位，负极接低电位。极性接反将使电容器的漏电流剧增，导致电容器损坏。

常见的无极性电容器按介质材料的不同又可分为：

① 纸介电容器。这种电容器是用两个金属箔作电极，用纸作介质制作而成。其特点是体积较小，容量可做得很大；温度系数大、稳定性差、损耗大，且具有较大的固定电感，因此适用于要求不高的低频电路。

② 油浸纸介电容器。这种电容器是将纸介电容浸在特别处理的油中制作而成，可使耐压增高。其特点是容量大，但体积也较大。

③ 金属化纸介电容器。这种电容器是在电容纸上覆上一层金属膜代替金属箔制作而成，其结构和性能类同纸介电容器，但体积和损耗较纸介电容器小，内部纸介质击穿后有自愈功能。

④ 有机薄膜电容器。涤纶(极性介质)电容器的介质常数较高，体积小，容量大，稳定性好，适宜做旁路电容。聚苯乙烯(非极性介质)电容器的介质损耗小，绝缘电阻高，稳定性好，但温度性能较差，可用于高频电路和定时电路中的 RC 时间常数电路。聚四氟乙烯(非极性介质)电容器耐高温(达 250 ℃)和化学腐蚀，电参数和温度、频率特性好，但成本较高。

⑤ 云母电容器。这种电容器是用云母作介质，其特点是介质损耗小，绝缘电阻大，精度高，稳定性好，适用于高频电路。

⑥ 玻璃釉电容器。

⑦ 陶瓷电容器。这种电容器是用陶瓷作介质，其特点是损耗小，绝缘电阻大，稳定性、耐热性好，适用于高频电路。

有极性电容器按其正极材料的不同又可分为：

① 铝电解电容器。其特点是容量大，可达几法拉；成本较低，价格便宜；但漏电大，寿命短(存储寿命小于 5 年)，适用于电源滤波或低频电路。

② 钽电解电容器。其特点是体积小，容量大，性能稳定，寿命长，绝缘电阻大，温度特性好，但价格较贵，适用于要求较高的设备中。

③ 铌电解电容器。其特点是体积小，容量大，性能稳定，寿命长，绝缘电阻大，温度特性好，但价格较贵，适用于要求较高的设备中。

在电路中，常见的不同种类电容器的符号如图 1-1-14 所示。

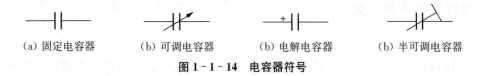

(a) 固定电容器　　(b) 可调电容器　　(b) 电解电容器　　(b) 半可调电容器

图 1-1-14　电容器符号

二、电容器的命名方法

电容器的型号由四部分组成。第一部分用一个字母C表示电容器,第二部分表示介质材料,第三部分表示结构类型的特征,第四部分为序号,见表1-1-10。

表1-1-10 电容器型号的命名

第一部分:主称		第二部分:材料		第三部分:特征					第四部分:序号
符号	意义	符号	意义	符号	意义				
					瓷介	云母	有机介质	电解	
C	电容器	C	1类陶瓷介质	1	圆形	非密封	非密封(金属箔)	箔式	对于主称、材料、特征相同,仅尺寸、性能指标略有差别但基本上不影响互换的产品,给予同一序号。若尺寸、性能指标的差别已明显影响互换时,则在序号后面用大写字母作为区别代号予以区别
		Y	云母介质	2	管形(圆柱)	非密封	非密封(金属化)	箔式	
		I	玻璃釉介质	3	叠片	密封	密封(金属箔)	烧结粉 非固体	
		O	玻璃膜介质	4	多层(独石)	独石	密封(金属化)	烧结粉 固体	
		Z	纸介质	5	穿心		穿心		
		J	金属化纸介质	6	支柱式		交流	交流	
		B	非极性有机薄膜介质	7	交流	标准	片式	无极性	
		L	极性有机薄膜分质	8	高压	高压	高压	高压	
		Q	漆膜介质	9			特殊	特殊	
		S	3类陶瓷介质	G	高功率				
		H	复合介质						
		D	铝电解						
		A	钽电解						
		N	铌电解						
		G	合金电解						
		T	2类陶瓷介质						
		V	云母纸介质						
		E	其他材料电解						

三、电容器的主要参数

1) 标称容量

电容的容量是指电容器两端加上电压后储存电荷的能力。电容器能够储存的电荷越多,电容量越大;反之,电容量越小。标在电容器外部的电容量数值称为电容器的标称容量。电容量的单位有:法拉(F)、毫法(mF)、微法(μF)、纳法(nF)、皮法(pF)。它们之间的换算关系是:$1\text{ F}=10^3\text{ mF}=10^6\text{ }\mu\text{F}=10^9\text{ nF}=10^{12}\text{ pF}$。

2) 额定耐压值

电容器的耐压值指电容器接入电路后,能连续可靠地工作而不被击穿时所能承受的最大直流电压。使用电容器时电路中的电压绝对不允许超过这个电压值,否则电容器就要被损坏或被击穿。一般选择电容器的额定耐压值应高于实际工作电压的10%~20%。如果电容器用于交流电路中,其最大电压值不能超过额定的直流工作电压。常用固定式电容器的直流工作电压系列为:6.3 V、10 V、16 V、25 V、40 V、63 V、100 V、160 V、250 V、400 V。

3) 允许误差

电容器的容量误差一般分为七级,即:±2%、±5%、±10%、±20%、+20%~-30%、+50%~-20%、+100%~-10%,或写成0.2级、Ⅰ级、Ⅱ级、Ⅲ级、Ⅳ级、Ⅴ级、Ⅵ级。电容器常用字母代表容量误差:B代表±0.1%,C代表±0.25%,D代表±0.5%,F代表±1%,G代表±2%,J代表±5%,K代表±10%,M代表±20%,N代表±30%,Z代表+80%~-20%。

4) 电容温度系数

电容温度系数定义式为:$\alpha_C = \frac{1}{C}\frac{\Delta C}{\Delta T} \times 100\%$。其中,$C$为标称电容量,$\frac{\Delta C}{\Delta T}$为温度变化所引起的容量相对变化。

5) 绝缘电阻

理想电容器的介质应当是不导电的绝缘体,实际电容器介质的电阻为绝缘电阻,有时亦称为漏电阻。绝缘电阻是加在电容器上的直流电压与通过它的漏电流比值。绝缘电阻一般应该在5 000 MΩ以上,优质电容器可达TΩ(10^{12}Ω,称为太欧)级。

6) 损耗角正切

理想的电容器应该没有能量损耗,但是实际上电容器在电场的作用下总有一部分电能转换为热能,所损耗的能量称为电容器的损耗,它包括金属极板的损耗和介质损耗两部分。小功率电容器的损耗主要是介质损耗。所谓介质损耗,是指介质缓慢极化和介质电导所引起的损耗,一般用电容器损耗功率(有功功率)与电容器存储功率(无功功率)之比来表示,定义为损耗角正切值$\tan\delta$:

$$\tan\delta = \frac{\text{损耗功率}}{\text{电容器存储功率}}$$

在同等容量、同工作条件下,损耗角越大,电容器的损耗也越大。损耗角大的电容不适于高频情况下工作。

四、电容器的容量标注方法

1) 直接标注法

该方法是在电容器表面直接标注容量值,例如4μ7表示4.7μF,2n2表示2 200 pF。还有不标单位的情况,当用 1~4 位数字表示时,容量单位为 pF;当用小数表示时,单位为 μF,例如 6 800 表示 6 800 pF,0.056 表示 0.056 μF。

2) 数码表示法

该方法一般用三位数表示容量大小,前面两位数字为容量有效值,第三位数表示有效数字后面 0 的个数,单位是 pF。例如:101 表示 100 pF,221 表示 220 pF,104 表示 100 000 pF(0.1 μF)。在这种表示方法中有一个特殊情况,就是当第三位数字为"9"时,表示有效值乘上 10^{-1}。例如:229 表示 $22 \times 10^{-1} = 2.2$ pF。

3) 色码表示法

电容器容量的色码表示法原则上与电阻器容量的色标法相同,颜色符号代表的意义可参见表 1-1-4 和表 1-1-5 中电阻器的颜色标记,其单位为 pF。

五、电容器的选用

(1) 电容器装接前应进行测量,看其是否短路、断路或漏电严重;在装入电路时,应使电容器的标志易于观察,且标识顺序一致。装接时应注意正、负极性不能接反。

(2) 通过电容器的交流电压和电流不应超过给出的额定值。有极性的电解电容器不能在交流电路中使用,但可以在脉动电路中使用。

(3) 根据电路的要求合理选择电容器型号。一般在低频耦合、旁路等电路中应选用纸介电容器,在高频电路和高压电路中应选用云母电容器和瓷介电容器,在电源滤波或退耦电路中应选用电解电容器(极性电解电容器只能用于直流或脉动直流电路中)。

(4) 合理确定电容器的精度。在大多数情况下,对电容器的容量要求并不严格。但在振荡、延时及音调控制电路中,电容器的容量则应和计算要求尽量符合。在各种滤波电路以及某些要求较高的电路中,电容器的容量值要求非常精确,其误差值应小于±0.7%。

(5) 在电子电路设计中选用电容器时,应根据产品手册在电容器标称值系列中选用。固定电容器的标称值系列见表 1-1-11。

表 1-1-11 电容器标称电容值

E24	E12	E6	E24	E12	E6
1.0	1.0	1.0	3.3	3.3	3.3
1.1			3.6		
1.2	1.2		3.9	3.9	
1.3			4.3		
1.5	1.5	1.5	4.7	4.7	4.7
1.6			5.1		
1.8	1.8		5.6	5.6	
2.0			6.2		
2.2	2.2	2.2	6.8	6.8	6.8
2.4			7.5		
2.7	2.7		8.2	8.2	
3.0			9.1		

（6）当现有电容器与电路要求的容量或耐压值不匹配时，可以采用串联或并联的方法予以适应。当两个工作电压不同的电容器并联时，耐压值取决于工作电压低的电容器；当两个容量不同的电容量串联时，容量小的电容器的电压高于容量大的电容器。

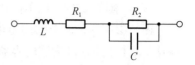

图 1-1-15　电容器的等效电路

（7）注意电容器的温度稳定性及损耗。用于谐振电路的电容器必须选用损耗小的电容器，温度系数也应选小一些的，以免影响谐振特性。

（8）选用电容器时应根据电路中信号频率的高低来选择。一个电容器可等效成一个 C、R、L 两端性网络，如图 1-1-15 所示。不同类型的电容器，其等效参数 R、L、C 的差异很大。

六、电容器的检测方法

1）固定电容器的检测方法

(1) 检测 10 pF 以下的小电容器

检测方法如图 1-1-16 所示。由于 10 pF 以下的固定电容器的容量太小，用万用表进行测量，只能定性地检查其是否有漏电、内部短路或击穿现象。测量时，可选用万用表 $R\times 10$ kΩ 挡，用两表笔分别任意接电容的两个端子，阻值应为无穷大。

(2) 检测 10 pF～0.01 μF 的电容器

首先用万用表的 $R\times 10$ kΩ 挡测试一下电容器有无短路、漏电现象，在确认电容器无内部短路或漏电后，采用如图 1-1-17 所示的电路可测出固定电容器是否有充电现象，进而判断其好坏。先用万用表的 $R\times 1$ kΩ 挡。两只三极管的 β 值均为 100 以上，且穿透电流要小，可选用 3DG6 等型号的硅三极管组成复合管。万用表的红表笔和黑表笔分别与复合管的发射极 e 和集电极 c 相接。C 为被测电容，由于复合三极管的放大作用，把被测电容器的充放电过程予以放大，使万用表指针摆动幅度加大，从而便于观察。应注意的是，在测试操作时，特别是在测较小容量的电容器时，要反复调换被测电容器端子接触 A、B 两点，才能明显地看到万用表指针的摆动。

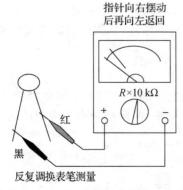

图 1-1-16　10 pF 以下电容器的检测图

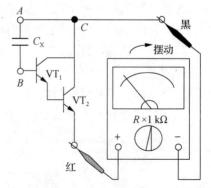

图 1-1-17　10 pF～0.01 μF 电容器的检测图

(3) 检测 0.01 μF 以上的固定电容器

对于 0.01 μF 以上的固定电容器,可用万用表的 $R×10$ kΩ 挡直接测试电容器有无充电过程以及有无内部短路或漏电现象,并可根据指针向右摆动的幅度大小估计出电容器的容量,测试方法如图 1-1-18 所示。测试时,先用两表笔任意触碰电容器的两端,然后调换表笔再触碰一次,如果电容器是好的,万用表指针会向右摆动一下,随即向左迅速返回无穷大位置。电容器的容量越大,指针摆动幅度越大,如果反复调换表笔触碰电容器两端,而万用表指针始终不向右摆动,则说明该电容器的容量已低于 10 pF~0.01 μF 或者已经消失。测量中,若指针向右摆动后不能再向左返回到无穷大位置,说明电容漏电或已被击穿短路。

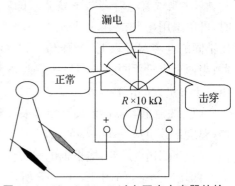

图 1-1-18　0.01 μF 以上固定电容器的检测图

在采用上述三种方法进行检测时都应注意正确操作,不要用手指同时接触被测电容器的两个端子。

2) 电解电容器的检测方法

(1) 正确选择万用表的电阻挡

因为电解电容器的容量较一般固定电容器大得多,所以测量时,应针对不同容量选用合适的量程。一般情况下,1~47 μF 的电容器可用 $R×1$ kΩ 挡测量,大于 47 μF 的电容器可用 $R×100$ Ω 挡测量。

(2) 测量漏电阻

将万用表的红表笔接负极,黑表笔接正极。在刚接触的瞬间,万用表指针即向右偏转较大幅度,接着逐渐向左回转,直到停在某一位置,此时的阻值便是电解电容器的正向漏电阻。此值越大,说明漏电流越小,电容器性能越好。然后,将红、黑表笔对调,万用表指针将重复上述摆动现象。但此时所测值为电解电容器的反向漏电阻,点面结合值略小于正向漏电阻,即反向漏电流比正向漏电流要大。实际使用经验表明,电解电容器的漏电阻一般应在几百千欧,即反向漏电流比正向漏电流要大;否则,将不能正常工作。在测试中,若正向、反向均无充电现象,即表针不动,则说明电容器的容量消失或内部断路;如果所测阻值很小或为 0,则说明电容器漏电或已被击穿损坏。

(3) 判断极性

对于正、负极标志不明的电解电容器,可利用上述测量漏电阻的方法加以判断,即先任意测一下漏电阻,记住其大小,然后交换表笔再测一个阻值,两次测量中阻值大的那一次便是正向接法,即黑表笔接的是正极,红表笔接的是负极。

第四节　电　感　器

电感器通常由漆包线或纱包线等带有绝缘表层的导线绕制而成,少数电感器因圈数少或性能方面的特殊要求,采用裸铜线或镀银铜线绕制而成。电感器中不带磁芯或铁芯的一般称为空心电感线圈,带有磁芯的则称为磁芯线圈或铁芯线圈。

一、电感器的分类与电路符号

电感器在电子电路中主要用于与电容器组成 LC 谐振回路,其作用是调谐、选频、振荡、阻流及带通(带阻)滤波等。电感器的线圈匝数、骨芯材料、用线粗细及外形大小等因工作频率的不同而有很大差别。低频电感器为了减少线圈匝数、获得较大电感量和较小体积,大多数采用铁芯或磁芯(铁氧体芯);中频、中高频和中低频电感器则多以磁芯为骨芯。

根据电感量是否可调,电感器可分为固定电感器、可变电感器和微调电感器。可变电感器的电感量可利用磁芯在线圈内移动而在较大的范围内调节,它与固定电容器配合使用可于谐振电路中起谐振作用。微调电感器可以满足整机调试的需要并补偿电感器产生的分散性,一次调好后,一般不再变动。

根据结构的不同,电感器可分为带磁芯电感器、铁芯电感器和磁芯有间隙的电感器等。

除此之外,还有一些小型电感器,如色码电感器、平面电感器和集成电感器,可以满足电子设备小型化的需要。

电感器的种类很多,图 1-1-18 给出了常用电感器实物图。不论是何种电感器,其电路符号一般都由两部分组成,即代表线圈的部分与代表磁芯和铁芯的部分。线圈部分分为有抽头和无抽头两种。线圈中没有磁芯或铁芯时即为空心线圈,则不画代表磁芯或铁芯的符号。磁芯或铁芯符号有可否调节及有无间隙的区别。图 1-1-19 也给出了常用电感器的示意图与电路符号。

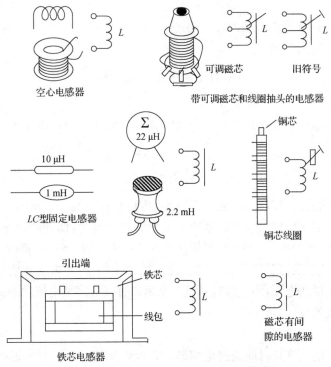

图 1-1-19 常用电感器的示意图与电路符号

随着微型元器件技术的不断发展及工艺水平的提高,片状(贴片)线圈和印制线圈的应用范围也相应拓展。片状线圈的外形如同较大的片状电容;印制线圈则是直接制作在印制板上,外形与细长状印刷线路相似,只是匝数、大小、线宽等均按所要求的线圈参数设计。两者的外形示意图如图1-1-20所示。

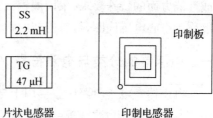

图1-1-20 电感器外形图

二、电感器的参数与识别方法

除固定电感器和部分阻流圈(如低频扼流圈)为通用元件(只要规格相同,各种机型的机子上均可使用)外,其余的均为电视机、收音机等专用元件。专用元件的使用应以元件型号为主要依据,具体参数大都不需考虑。下面介绍固定电感器及阻流圈的主要参数与识别方法。

(1) 电感量 L

电感量 L 也称自感系数,是用来表示电感器自感应能力的物理量。当通过一个线圈的磁通发生变化时,线圈中便会产生电势,这就是电磁感应现象。电势大小正比于磁通变化的速率和线圈匝数。自感电势的方向总是阻止电流变化的,犹如线圈具有惯性,这种电磁惯性的大小就用电感量 L 来表示。电感量大小与磁导率 μ、线圈单位长度中的匝数 n 以及体积 V 有关。当线圈的长度远大于直径时,电感量 $L=\mu n^2 V$。

电感量的基本单位为 H(亨),实际用得较多的单位为 mH(毫亨)和 μH(微亨),其换算关系是:$1\ \text{H}=10^3\ \text{mH}=10^6\ \mu\text{H}$。

(2) 感抗 X_L

线圈对交流电有阻力作用,阻力大小用感抗 X_L 来表示。X_L 与线圈电感量 L 和交流电频率 f 成正比,计算公式为:

$$X_L(\Omega)=2\pi f(\text{Hz})L(\text{H})$$

(3) 品质因数 Q

线圈在一定频率的交流电压下工作时,其感抗 X_L 和等效损耗电阻之比即为 Q 值,计算公式为:

$$Q=2\pi fL/R$$

由此可见,线圈的感抗越大、损耗电阻越小,其 Q 值就越高。品质因数 Q 反映了电感器传输能量的能力大小,Q 值越大,电感器传输能量的能力越大,即损耗越小。一般要求 $Q=50\sim300$。损耗电阻在频率 f 较低时,可视作线圈的直流电阻;当 f 较高时,因线圈骨架及浸渍物的介质损耗、铁芯及屏蔽罩损耗、导线高频趋肤效应损耗等影响较明显,R 应为包括各种损耗在内的等效损耗电阻,不能仅计算直流电阻。直流电阻是电感线圈的自身电阻,可用万用表电阻挡直接测得。

(4) 额定电流

额定电流通常指允许长时间通过电感器的直流电流值。选用电感器时,其额定电流值一般要稍大于电路中流过的最大电流。额定电流主要是对高频电感器而言。通过电感器的电流超过额定值时,电感器将发热,严重时会被烧坏。

电感器的识别十分容易。固定电感器一般都将电感量和型号直接标在其表面,一看便知;有些电感器则只标注型号或只标注电感量;还有一些电感器只标注型号和商标等。如需了解其他参数,可查阅产品手册或相关资料。

三、电感线圈的选用

（1）按工作频率的要求选择某种结构的线圈。用于音频段时,一般要选用带铁芯（硅钢片或坡莫合金）或低频铁氧体芯的线圈;用于几百千赫到几兆赫时,最好用铁氧体芯并以多股色缘线绕制的线圈,这样可以减少集肤效应,提高 Q 值;用于几兆赫到几十赫时,宜选用单股镀银粗铜线绕制的线圈,磁芯要采用短波高频铁氧体,也常用空心线圈,由于多股线间分布电容的作用及介质损耗的增加,所以不适宜频率高的地方,在 200 MHz 以上时一般不能选用铁氧体芯而只能用宽芯线圈。

（2）由于线圈骨架的材料与线圈的损耗有关,因此用在高频电路里的线圈通常应选用高频损耗小的高频瓷作骨架,而对于要求不高的场合,可选用塑料、胶木和纸作骨架的电感器,虽然损耗大一些,但它们价格低廉、制作方便、重量小。

（3）在选用电感线圈时必须考虑机械结构是否牢固,不应有线圈松脱、引线接点活动等情况。电感线圈是磁感应元件,它对周围的电感性元件有影响,因此安装时一定要注意电感性元件之间的相互位置,一般应使相互靠近的电感线圈的轴线相互垂直,必要时可在电感性元件上加屏蔽罩。

四、电感器的检测方法

测量电感的方法与测量电容的方法相似,也可用电桥法、谐振回路法测量,测量电感常用的电桥有海氏电桥和麦克斯韦电桥。

使用万用表的电阻挡,测量电感器的通断及电阻值大小通常可以鉴别电感器的好坏。

将万用表置于 $R \times 1 \Omega$ 挡,红、黑表笔各接电感器的任一引出端,此时指针应向右摆动,根据测出的电阻值大小,可具体分下述三种情况进行鉴别：

（1）被测电感器电阻值太小。这说明电感器内部线圈有短路性故障。注意,在进行测试操作时,一定要先认真将万用表调零,并仔细观察指针向右摆动的位置是否确实到达零位,以免造成误判。当怀疑色码电感器内部有短路性故障时,最好用 $R \times 1 \Omega$ 挡反复多测几次,这样才能作出正确的鉴别。

（2）被测电感器有电阻值。色码电感器直流电阻值的大小与绕制电感器的线圈所用漆包线线径、绕制圈数有直接关系,线径越细,圈数越多,则电阻值越大。一般情况下用万用表 $R \times 1$ 挡测量,只要能测出电阻值,则可认为被测电感器是正常的。

（3）被测电感器电阻值无穷大。这种现象比较容易区分,说明电感器内部的线圈或引出端与线圈接点处发生了断路性故障。

第五节 晶体二极管

一、晶体二极管的命名方法

晶体二极管和晶体三极管为半导体器件,内部由 PN 结构成。国产半导体器件型号命名方法如图 1-1-21 所示。型号由五部分组成,各部分的符号及其意义如表 1-1-12 所示。

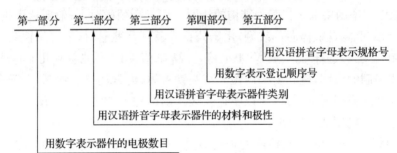

图 1-1-21 国产半导体器件型号命名方法(GB/T 249—2017)

表 1-1-12 半导体器件型号的符号及其意义

第一部分		第二部分		第三部分					
符号	意义	符号	意义	符号	意义	符号	意义	符号	意义
2	二极管	A	N 型、锗材料	P	小信号管	X	低频小功率晶体管(截止频率<3 MHz,耗散功率<1 W)	A	高频大功率晶体管(截止频率≥3 MHz,耗散功率≥1 W)
		B	P 型、锗材料	V	检波管				
		C	N 型、硅材料	W	电压调整管和电压基准管				
		D	P 型、硅材料						
		E	化合物或合金材料	C	变容管				
3	三极管	A	PNP 型、锗材料	Z	整流管	G	高频小功率晶体管(截止频率≥3 MHz,耗散功率<1 W)	F	限幅管
		B	NPN 型、锗材料	L	整流堆				
		C	PNP 型、硅材料	S	隧道管			H	混频管
				N	噪声管				
		D	NPN 型、硅材料	K	开关管	D	低频大功率晶体管(截止频率<3 MHz,耗散功率≥1 W)	J	阶跃恢复管
		E	化合物或合金材料	T	闸流管			Y	体效应管
				B	雪崩管				

例如,如图 1-1-22 所示,晶体管型号 3DG6C 的前三位符号表示 NPN 型硅高频小功率晶体三极管;后面两位符号表示此系列的细分种类,详细参数可查阅器件手册。

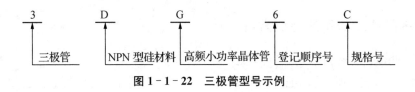

图 1-1-22　三极管型号示例

二、晶体二极管的分类

晶体二极管按其组成材料可分为锗二极管、硅二极管、砷化镓二极管（发光二极管）等；按其用途可分为整流二极管、稳压二极管、开关二极管、发光二极管、检波二极管、变容二极管等。

三、晶体二极管的主要参数

（1）最大整流电流。它是二极管在正常连续工作时所能通过的最大正向电流值。

（2）最高反向工作电压。它是二极管在正常工作时所能承受的最高反向电压值，是击穿电压值的一半。

（3）最大反向电流。它是二极管在最高反向工作电压下允许流过的反向电流。此参数反映了二极管单向导电性能的好坏，因此这个参数值越小，表明二极管质量越好。

（4）最高工作频率。它是二极管在正常情况下的最高工作频率。如果通过二极管的电流的频率大于此值，二极管将不能起到它应有的作用。

四、常用晶体二极管的电路符号

常用晶体二极管的电路符号如图 1-1-23 所示。

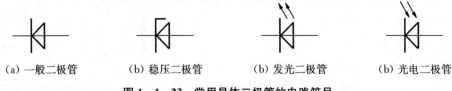

图 1-1-23　常用晶体二极管的电路符号

五、常用晶体二极管的型号和选用

（1）检波二极管。检波二极管是利用 PN 结伏安特性的非线性，把叠加在高频信号上的低频信号分离出来的一种二极管。常用的检波二极管型号有 2AP1、2AP17 等。

选用检波二极管时主要考虑二极管的工作频率高、结电容小、串联电阻小、正向上升特性好、反向电流小，所以往往是选用硅、锗点接触二极管或肖特基势垒二极管。

（2）整流二极管。整流二极管是利用 PN 结的单向导电性，把电路中的交流电流转变为直流电流的一种二极管。整流二极管是一种大面积的功率器件，结电容大，工作频率较低，一般在几十千赫。

电流容量在 1 A 以下的整流二极管有 2CP 系列，1 A 以上的有 2CZ 系列。

六、小功率晶体二极管的检测方法

1）判别正、负电极

（1）观察外壳上的符号标记。如图 1-1-24 所示，通常在二极管的外壳上标有二极管的符号，带有三角形箭头的一端为正极，另一端则为负极。

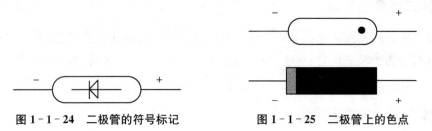

图 1-1-24　二极管的符号标记　　　图 1-1-25　二极管上的色点

（2）观察外壳上的色点。如图 1-1-25 所示，在点接触二极管的外壳上通常标有极性色点（白色或红色），一般标有色点的一端即为正极。有些二极管上标有色环，带色环一端为负极。

（3）观察玻璃壳内触针。对于点接触二极管，如果外壳上的符号标记已模糊不清，可以将外壳上的黑色或白色漆层轻轻刮掉一点，透过玻璃观察二极管的内部结构，有金属触针的一端就是正极。

（4）用万用表测量判别。如图 1-1-26 所示，将万用表置于 $R \times 10$ kΩ 挡，先用红、黑表笔任意测量二极管两端子间的电阻值，然后交换表笔再测量一次，如果二极管是好的，则两次测量结果必定出现一大一小。以阻值较小的一次测量为准，黑表笔所接的一端即为正极，红表笔所接的一端则为负极。

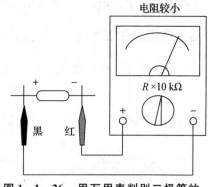

图 1-1-26　用万用表判别二极管的正、负电极

2）鉴别质量好坏

如图 1-1-27 所示，将万用表置于 $R \times 1$ kΩ 挡，测量二极管的正、反向电阻值。完好的锗点接触型二极管的正向电阻在 1 kΩ 左右，反向电阻在 300 kΩ 以上；完好的硅面接触型二极管的正向电阻在 7 kΩ 左右，反向电阻为无穷大。总之，二极管的正向电阻越小越好，反向电阻则越大越好，若测得的正向电阻太大或反向电阻太小，都表明二极管检波与整流效率不高。如果测得的正向电阻为无穷大，说明二极管的内部断路；若测得的反向电阻接近于 0，则表明二极管已被击穿。内部断路或击穿的二极管都不能使用。

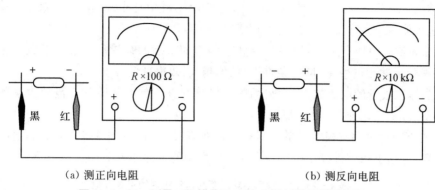

(a) 测正向电阻　　　　　　　　　(b) 测反向电阻

图 1-1-27　测量二极管的正、反向电阻以鉴别质量好坏

3) 检测最高工作频率 f_M

对于晶体二极管的最高工作频率,除了可从有关特性表中查出外,实际使用时常通过眼睛观察二极管内部的触丝来加以区分,如点接触型二极管属于高频管,面接触型二极管多为低频管。还可将待测二极管与晶体管收音机中的检波管替换一下进行实验,能使收音机正常收音的就是高频二极管。高频二极管的工作频率一般都在几十兆赫以上。

4) 检测最高反向击穿电压 U_{RM}

对于交流电来说,因为电流正、反向不断变化,因此最高反向工作电压也就是二极管所能承受的交流峰值电压。需要指出的是,最高反向工作电压并不是二极管的击穿电压。一般情况下,二极管的击穿电压要比最高反向工作电压高得多(高 1 倍左右)。

第六节　晶体三极管

一、晶体三极管的分类

晶体三极管主要有 NPN 型和 PNP 型两大类,一般可以从晶体三极管外壳上标出的型号来识别,详见表 1-1-12。晶体三极管的种类划分如下:

(1) 按设计结构可分为点接触型管、面接触型管。
(2) 按工作频率可分为高频管、低频管、开关管。
(3) 按功率大小可分为大功率管、中功率管、小功率管。
(4) 按封装形式可分为金属封装管、塑料封装管。

二、晶体三极管的主要参数

晶体三极管的参数一般可分为直流参数、交流参数、极限参数三大类。常用小功率晶体三极管的主要参数见表 1-1-13。

1) 直流参数

(1) 集电极-基极反向电流 I_{CBO}。此值越小说明晶体三极管的温度稳定性越好。一般小功率管的 I_{CBO} 为 10 μA 左右,硅晶体管的更小。

(2) 集电极-发射极反向电流 I_{CEO}：也称穿透电流，此值越小说明晶体三极管的稳定性越好；此值过大则说明这个晶体三极管不宜使用。

(3) 临界饱和电压 $U_{CE(sat)}$：反映放大状态和饱和状态的临界点。这个参数会影响三极管作为功率放大输出的效率，同等条件下，数值越大，效率越低。

(4) 晶体三极管的电流放大系数：晶体三极管的直流放大系数和交流放大系数近似相等，在实际使用时一般不再区分，都用 β 表示，也可用 h_{FE} 表示。

为了能直观地表明三极管的放大倍数，常在三极管的外壳上标注不同的色标。锗、硅开关管，高、低频小功率管以及硅低频大功率管所用的色标如表 1-1-14 所示。

表 1-1-13 常用小功率塑封硅三极管的主要参数

型 号	极限参数			直流参数			交流参数		类型
	P_{CM}/mW	I_{CM}/mA	$U_{(BR)CEO}$/V	I_{CEO}/μA	$U_{CE(sat)}$/V	β	f_T/MHz	C_{ob}/pF	
CS9011 E F G H I	300	100	18	0.05	0.3	28 39 54 72 97 132	150	3.5	NPN
CS9012 E F G H	600	500	25	0.5	0.6	64 78 96 118 144	150		PNP
CS9013 E F G H	400	500	25	0.5	0.6	64 78 96 118 144	150		NPN
CS9014 A B C D	300	100	18	0.05	0.3	60 60 100 200 400	150		NPN

续表

型号	极限参数			直流参数			交流参数		类型
	P_{CM} /mW	I_{CM} /mA	$U_{(BR)CEO}$ /V	I_{CEO} /μA	$U_{CE(sat)}$ /V	β	f_T /MHz	C_{ob} /pF	
CS9015 A B C D	310 600	100	18	0.05	0.5 0.7	60 60 100 200 400	50 100	6	PNP
CS9016	310	25	20	0.05	0.3	28～97	500		NPN
CS9017	310	100	12	0.05	0.5	28～72	600	2	NPN
CS9018	310	100	12	0.05	0.5	28～72	700		NPN
8050	1000	1500	25			85～300	100		NPN
8550	1000	1500	25			85～300	100		PNP

表 1-1-14 部分三极管 β 值的色标表示

β 范围	0～15	15～25	25～40	40～55	55～80	80～120	120～180	180～270	270～400	>400
色标	棕	红	橙	黄	绿	蓝	紫	灰	白	黑

2) 极限参数

晶体三极管的极限参数有集电极最大允许电流 I_{CM}、集电极最大允许耗散功率 P_{CM}、集电极-发射极反向击穿电压 $U_{(BR)CEO}$。

3) 交流参数

晶体三极管的 β 值随工作频率的升高而下降,晶体三极管的特性频率 f_T 就是当 β 下降到 1 时的频率值。也就是说,在这个频率下的晶体三极管已失去放大能力,因为晶体三极管的工作频率必须小于晶体三极管特性频率的一半。

三、常用晶体三极管的外形识别

1) 小功率晶体三极管的外形识别

小功率晶体三极管有金属外壳和塑料外壳两种封装形式,如图 1-1-28 所示。

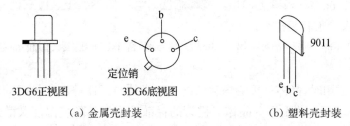

(a) 金属壳封装   (b) 塑料壳封装

图 1-1-28 小功率晶体三极管的外形

2) 大功率晶体三极管的外形识别

大功率晶体三极管的外形一般分为 F 型和 G 型两种。F 型管从外形上只能看到两个电极，可将管脚底面朝上，两个电极管脚置于左侧，上面为 e 极，下面为 b 极，底座为 c 极，如图 1-1-29(a)所示。G 型管的三个电极的分布如图 1-1-29(b)所示。

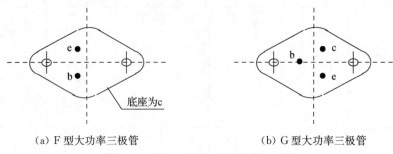

(a) F 型大功率三极管　　　　　　(b) G 型大功率三极管

图 1-1-29　大功率晶体三极管的外形

四、晶体三极管的检测与电极的辨别

用数字万用表测晶体二极管的挡位也能检测三极管的 PN 结，可以很方便地确定三极管的好坏及类型，这里不再赘述，但要注意，与指针式万用表不同，数字式万用表的红表笔为内部电池的正端。例如，当把红表笔接在假设的基极上，而将黑表笔先后接到其余两个电极上，如果表显示通(硅管正向压降在 0.6 V 左右)，则假设的基极是正确的，且被测三极管为 NPN 型管。

数字式万用表上一般都有测晶体三极管放大倍数的挡位(h_{FE})，使用时，先确认晶体三极管类型，然后将被测管子的 e、b、c 三脚分别插入数字式万用表面板对应的三极管插孔中，表上即可显示出 h_{FE} 的近似值。

以上介绍的方法是比较简单的检测方法，要想进一步精确检测，可以使用晶体管图示仪，它能十分清楚地显示出三极管的特性曲线及电流放大倍数等参数值。

五、晶体三极管的选用

选用晶体三极管时要依据它在电路中所承担的作用查阅器件手册，选择参数合适的晶体三极管型号。

(1) NPN 型和 PNP 型晶体三极管的直流偏置电路极性是完全相反的，具体连接时必须注意。

(2) 电路加在晶体三极管上的恒定或瞬态反向电压值要小于晶体三极管的反向击穿电压，否则晶体三极管很容易损坏。

(3) 高频运用时，所选晶体三极管的特征频率要高于工作频率，以保证晶体三极管能正常工作。

(4) 大功率运用时，晶体三极管内耗散的功率必须小于器件厂家给出的最大耗散功率，否则晶体三极管容易被热击穿。晶体三极管的耗散功率值与环境温度及散热器的大小、形状有关，使用时要注意器件手册上的说明。

六、使用晶体三极管的注意事项

（1）使用晶体三极管时，不得有两项以上的参数同时达到极限值。

（2）焊接时，应使用低熔点焊锡；管脚引线不应短于 10 mm；焊接动作要快，每根引脚的焊接时间不应超过 2 s。

（3）晶体三极管在焊入电路时应先接通基极，再接入发射极，最后接入集电极。拆下时，应按相反次序拆，以免烧坏管子。在电路通电的情况下，不得断开基极引线，以免损坏管子。

（4）使用晶体三极管时要将其固定好，以免因振动而发生短路或接触不良，并且不应将其靠近发热元件。

（5）功率三极管应加装足够大的散热器。

第七节　半导体场效应管

场效应管是一种电压控制电流器件，其特点是输入电阻极高，噪声系数低，受温度和辐射影响小，因而特别适用于高灵敏度、低噪声的电路中。

场效应管分结型场效应管和绝缘栅型场效应管（MOSFET）两大类。结型（J 型）场效应管是利用导电沟道之间耗尽区的宽窄来控制电流的，输入电阻在 $10^6 \sim 10^9$ Ω 之间；绝缘栅型（MOS 型）场效应管是利用感应电荷的多少来控制导电沟道的宽窄从而控制电流大小的，输入阻抗高达 10^{15} Ω。

衡量场效应管控制能力的参数指标是跨导 g_m，即 $g_m = \left. \left(\frac{\partial i_D}{\partial U_{GS}} \right) \right|_{U_{DS} = C}$。跨导常用单位为 mS。

表征器件输出电流减小到接近于 0 时的栅源电压称为夹断电压 V_P，它是耗尽型场效应管的重要参数；表征器件开始有输出电流时的栅源电压为开启电压 V_T，它是增强型场效应管的重要参数。

场效应管也有三个工作区，即截止区、可变电阻区（对应三极管的饱和区）、饱和区（对应三极管的放大区）。

1）正确使用场效应管的方法

不同类型场效应管的偏置电压极性要求如表 1-1-15 所示。结型场效应管的源极与漏极可互换使用。

存放绝缘栅场效应管时，由于其输入电阻非常高，一般将它的三只管脚短路，以免因静电感应而击穿绝缘栅。

表 1-1-15 场效应管的偏置电压极性要求

类 型	U_{DS}极性	U_{GS}极性
N 沟道耗尽型	+	-
N 沟道增强型	+	+
P 沟道耗尽型	-	+
P 沟道增强型	-	-
结 型	+	-

在焊接场效应管时,一般使用 25 W 以下的内热式电烙铁,并有良好的接地措施,或在焊接时切断电烙铁电源。

在要求输入电阻较高的场合下使用时,应采取防潮措施,以免输入电阻下降。

结型场效应管可用万用表定性地检测管子的质量。测试时,可按一般测试二极管的方法,先分别测试栅源、栅漏两个 PN 结,再测漏源间的电阻值,一般有几千欧。MOS 场效应管不能用万用表检测,必须用测试仪,而且要在接入测试仪后才能去掉各极短路线,取下时则应先短路后取下。此外,测试仪应有良好的接地。

2) 常用半导体场效应管

场效应管主要用于前置电压放大电路、阻抗变换电路、振荡电路、高速开关电路等电路。常用场效应管的主要参数见表 1-1-16。

表 1-1-16 常用场效应管的主要参数

型 号	类 型	饱和漏源电流 I_{DSS}/mA	夹断电压 V_P/V	开启电压 V_T/V	低频跨导 g_m/mS	栅源电阻 R_{GS}/Ω	最大漏源电压 $V_{(BR)DS}$/V
3DJ6D E F G H	结型场效应管	<0.35 0.3~1.2 1~3.5 3~6.5 6~10	<|-9|		300 500 1 000	≥10^8	>20
3D01D E F G H	MOS 场效应管 N 沟道耗尽型	<0.35 0.3~1.2 1~3.5 3~6.5 6~10	<|-4| <|-9|		≥1 000	≥10^9	>20
3D06A B	MOS 场效应管 N 沟道增强型	≤10		2.5~5 <3	≥2 000	≥10^9	>20
3C01	MOS 场效应管 P 沟道增强型	≤10			≥500	10^8~10^{11}	>15

第八节 常用的电力半导体器件

1948年晶体管的发明引起了电子工业革命。半导体器件最初被用于小功率领域,如广播、通信、计算机等。1958年第一个工业用半导体晶闸管的诞生,使半导体器件的应用范围大大扩展,这也标志着电力电子技术的产生。随着变换器技术发展的需要和半导体制造技术的提高,一代一代的电力半导体器件相继问世,其应用领域也迅速扩大。

一、普通晶闸管

普通晶闸管(又称可控硅)是一种大功率半导体器件,主要用于大功率的交直流变换、调压等。晶闸管三个电极分别用字母 A(表示阳极)、K(表示阴极)、G(表示门极)表示。

1) 晶闸管的伏安特性

晶闸管的伏安特性如图 1-1-30 所示,它表示晶闸管的阳极和阴极间的电压与阳极电流之间的关系。通过伏安特性曲线,可得出晶闸管导通和关断的下列结论。

(1) 在正常情况下,晶闸管导通的必要条件有两个,缺一不可:

① 晶闸管承受正向电压(阳极电位高于阴极电位)。

② 加上适当的正向门极电压(门极电位高于阴极电位)。晶闸管一旦导通,门极就失去了控制作用。正因为如此,晶闸管的门极控制信号只要是正向脉冲电压就可以了,称为触发电压或触发脉冲。

(2) 要使晶闸管关断,必须去掉阳极正向电压、给阳极加反向电压或者降低正向阳极电压,这样就使通过晶闸管的电流降低到一定数值以下。能保持晶闸管导通的最小电流,称为维持电流。

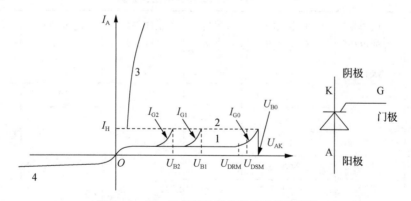

图 1-1-30 晶闸管的伏安特性曲线及符号

(3) 当门极没有加正向触发电压时,晶闸管的阳极和阴极之间即使加上正向电压,一般也是不会导通的。

2) 晶闸管的主要参数

(1) 断态重复峰值电压 U_{DRM}:指在门极开路而器件的结温为额定值时,允许重复加在器件上的正向峰值电压。若加在管子上的电压大于 U_{DRM},管子可能会失控而自行导通。

(2) 反向重复峰值电压 U_{RRM}：指在门极开路而器件的结温为额定值时，允许重复加在器件上的反向峰值电压。当加在管子上反向电压大于 U_{RRM} 时，管子可能会被击穿而损坏。

通常把 U_{DRM} 和 U_{RRM} 中较小的那个数值标作晶闸管型号上的额定电压。在选用晶闸管时，额定电压应为正常工作峰值电压的 2～3 倍，以保证电路的工作安全。

(3) 额定正向平均电流 I_F：其定义和二极管的额定整流电流相同。要注意的是，若晶闸管的导通时间远小于正弦波的半个周期，即使 I_F 的值没超过额定值，但峰值电流将非常大，以致可能超过管子所能提供的极限。

(4) 正向平均管压降 U_F：指在规定的工作温度条件下，使晶闸管导通的正弦波半个周期内 U_{AK} 的平均值，一般在 0.4～1.2 V。

(5) 维持电流 I_H：指在常温下，门极开路时，晶闸管从较大的通态电流降到刚好能保持通态所需要的最小通态电流。I_H 的值一般为几十到几百毫安，视晶闸管电流容量的大小而定。

(6) 门极触发电流 I_G：指在常温下，阳极电压为 6 V 时，使晶闸管能完全导通所需的门极电流，一般为毫安级。

(7) 门极触发电压 U_G：指产生门极触发电流所必需的最小门极电压，一般为 5 V 左右。

(8) 断态电压临界上升率 du/dt：指在额定结温和门极开路的情况下，不导致晶闸管从断态到通态转换的最大正向电压上升率，一般为每微秒几十伏。

(9) 通态电流临界上升率 di/dt：指在规定条件下，晶闸管能承受的最大通态电流上升率。若晶闸管导通电流上升太快，则会在晶闸管刚导通时，有很大的电流集中在门极附近的小区域内，从而造成局部过热而损坏晶闸管。

表 1-1-17 给出了几种常用晶闸管的主要参数。

表 1-1-17　常用晶闸管的主要参数

型　号	反向重复峰值电压 U_{RRM}/V	额定正向平均电流 I_F/A	维持电流 I_H/mA	正向平均管压降 U_F/V	门极触发电压 U_G/V	门极触发电流 I_G/mA
3CT101	50～1 400	1		≤1	≤2.5	3～30
3CT103		5	<50		≤3.5	5～70
3CT104		10				
3CT105		20	<100			
3CT107		50	<200			8～150
MCR102	25					
MCR103	50		0.8		0.8	0.2
MCR104～MCR108	100～800					

续表

型号	反向重复峰值电压 U_{RRM}/V	额定正向平均电流 I_F/A	维持电流 I_H/mA	正向平均管压降 U_F/V	门极触发电压 U_G/V	门极触发电流 I_G/mA
2N1595	50					
2N1596	100					
2N1597	200	1.6			3	10
2N1598	300					
2N1599	400					
2N4441	50					
2N4442	200	8			1.5	30
2N4443	400					
2N444	600					

3) 晶闸管的正确使用

(1) 管脚的判别。用万用表 $R\times 100\ \Omega$ 挡,分别测量各管脚间的正向、反向电阻。因为只有门极 G 与阴极 K 之间的正向电阻较小,而其他管脚间均为高阻状态,故一旦测出两管脚间呈低阻状态,则黑表笔所接为门极 G,红表笔所接为阴极 K,另一端为阳极 A。

(2) 管子质量的判别。用万用表 $R\times 100\ \Omega$ 挡,若测得以下情况之一,则说明管子是坏的:

① 任两极间的正向、反向电阻均为 0;

② A、K 极间的正向电阻为低阻(注意:测量过程中黑表笔不要接触 G 极);

③ 各极之间均为高阻状态。

(3) 晶闸管额定电压的选择。晶闸管实际工作时承受的正常峰值电压应低于正向和反向重复峰值电压 U_{DRM} 和 U_{RRM},并留有 2~3 倍的额定电压值的余量,还应有可靠的过电压保护措施。

(4) 晶闸管额定电流的选择。晶闸管实际工作通过的最大平均电流应低于额定通态平均电流 I_{Ta},并应根据电流波形的变化进行相应换算,还应有 1.5~2 倍的余量及过电流保护措施。

(5) 关于门极触发电压和电流的考虑。晶闸管实际触发电压和电流应大于晶闸管门极触发电压 U_{GT} 和门极触发电流 I_{GT},以保证晶闸管可靠地被触发,但也不能超过允许的极限值。

二、双向晶闸管

就功能来说,双向晶闸管可以被认为是一对反并联连接的单向普通晶闸管。它和单向晶闸管的区别是:第一,它在触发之后是双向导通的;第二,在门极所加的触发信号不管是正的还是负的都可以使双向晶闸管导通。

1) 双向晶闸管的特性

双向晶闸管是从 N 型硅单晶片的两侧扩散 P 型材料，形成 PNP 结构，然后分别在两个 P 型材料上再形成 N 型材料，从而形成五层三端特殊的 NPNPN 结构，如图 1-1-31 所示。由于双向晶闸管是双向导通的，故它的电极不能称阴极、阳极。一般把和门极 G 接近的电极称为电极 1，它也是参考电极，记为 MT1；另一个电极称为电极 2，记为 MT2。双向晶闸管在被触发之后，主电路的电流可双向流过。在控制触发方面，双向晶闸管也具有双向性，故双向晶闸管有 4 种触发方式：

(1) 第一象限触发 MT2+、G+。即相对于电极 MT1，MT2 的电压为正；门极 G 的触发电流为正。

(2) 第二象限触发 MT2+、G−。即相对于电极 MT1，MT2 的电压为正；门极 G 的触发电流为负。

(3) 第三象限触发 MT2−、G−。即相对于电极 MT1，MT2 的电压为负；门极 G 的触发电流为负。

(4) 第四象限触发 MT2−、G+。即相对于电极 MT1，MT2 的电压为负；门极 G 的触发电流为正。

双向晶闸管的触发灵敏度在第一、三象限最高，而在第二、四象限比较差，故在实际应用中常采用第一、第三象限触发方式。

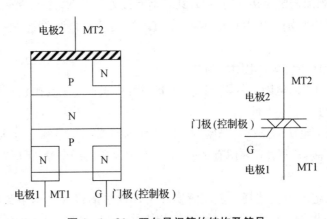

图 1-1-31 双向晶闸管的结构及符号

2) 常用的双向晶闸管

双向晶闸管主要用于电机控制、电磁阀控制、调温及调光控制等方面，常用双向晶闸管的主要参数如表 1-1-18 所示。

表 1-1-18 常用双向晶闸管的主要参数

型　号	反向重复峰值电压 U_{RRM}/V	额定正向平均电流 I_F/A	不重复浪涌电流 I_{FSM}/A	正向平均管压降 U_F/V	门极触发电压 U_G/V	门极触发电流 I_G/mA
3CTS1	400~1 000	1	≥10	≤2.2	≤3	≤50
3CTS2		2	≥20			
3CTS3		3	≥30			
3CTS4		4	≥33.6			
3CTS5		5	≥42			
MAC97-2	50	0.6	8.0		2~2.5	10
MAC97-3	100					
MAC97-4	200					
MAC97-5	300					
MAC97-6	400					
MAC97-7	500					
MAC97-8	600					
2N6069A	50	4	30		2.5	5~10
2N6070A	100					
2N6071A	200					
2N6072A	300					
2N6073A	400					
2N6074A	500					
2N6075A	600					
2N6342	200	8	100		2~2.5	50~75
2N6343	400					
2N6344	600					
2N6345	800					

三、功率场效应管

功率场效应管(功率 MOSFET)是 20 世纪 70 年代中期发展起来的新型半导体电力电子器件。同双极型晶体管相比,功率 MOSFET 具有开关速度快、损耗低、驱动电流小、无二次击穿现象等优点。目前功率 MOSFET 越来越受到人们的重视,被广泛应用于高频电源变换、电机调速、高频感应加热等领域。

1) 功率 MOSFET 的基本特点

功率 MOSFET 是压控型电力电子开关器件,与双极型晶体管不同,其门极控制信号是电压而不是电流。它有三个管脚,分别表示为栅极 G、源极 S、漏极 D,和三极管的基极 B、发射极 E、集电极 C 相对应。

功率 MOSFET 有 N 沟道和 P 沟道两种。N 沟道功率 MOSFET 类似于 NPN 型晶体管,当栅-源极输入正向电压时,漏-源极之间导通。P 沟道功率 MOSFET 类似于 PNP 型晶体管,当栅-源极输入反向电压时,漏-源极之间导通。功率 MOSFET 的符号如图 1-1-32 所示。

功率 MOSFET 是新型功率开关器件,它继承了传统 MOSFET 特点,又吸收了功率晶体管(GTR)的特点。其主要优点如下:

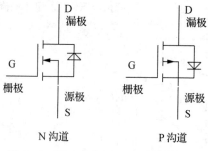

图 1-1-32 功率 MOSFET 的符号

(1) 开关速度快。功率 MOSFET 是一种单极型导电器件,无固有存储时间,其开关速度仅取决于极间寄生电容的大小,故开关时间很短(小于 50～100 ns),因而具有更高的工作频率(100 kHz 以上)。

(2) 驱动功率小。功率 MOSFET 是一种电压型控制器件,也就是说,其通、断均由栅源电压控制。由于栅极与器件主体是电隔离的,故功率增益高,所需的驱动功率极小,驱动电路简单。

(3) 安全工作区域宽。功率 MOSFET 无二次击穿现象,因此功率 MOSFET 较同功率等级的 GTR 来说,安全工作区宽,更稳定耐用。

(4) 过载能力强。功率 MOSFET 的短时过载电流一般为额定值的 4 倍。

(5) 抗干扰能力强。功率 MOSFET 的开启电压一般为 2～6 V。

(6) 并联容易。功率 MOSFET 的通态电阻具有正温度系数(即通态电阻值随结温升高而增加),因而在多管并联时易于均流。

2) 功率 MOSFET 的主要参数

(1) 漏极额定电流 I_{DSS}:指漏极允许连续通过的最大电流。在选择器件时要考虑留有充分的余量,以防止器件在温度升高时因漏极额定电流降低而损坏器件。

(2) 通态电阻 $R_{DS(ON)}$:指功率 MOSFET 导通时漏源电压与漏极电流的比值。通态电阻越大则耗散功率越大,就越容易损坏器件。通态电阻与栅源电压有关,随着栅源电压的升高通态电阻值将减少。这样看来似乎栅源电压越高越好,但过高的栅源电压会延缓功率 MOSFET 的开通和关断时间,故一般选栅源电压为 12 V。

(3) 阈值电压 $U_{GS(th)}$:指漏极流过一个特定量的电流所需的最小栅源控制电压。有人认为阈值电压 $U_{GS(th)}$ 小一点好,这样功率 MOSFET 可以用 CMOS 或 TTL 等低电压电路驱动。但是阈值电压太小的功率 MOSFET 的抗干扰能力差,驱动信号的噪声干扰会引起功率 MOSFET 的误导通,影响它的正常工作。

(4) 漏源击穿电压 $U_{(BR)DSS}$:指在 $U_{GS(th)}=0$ 时漏极和源极所能承受的最大电压。功率 MOSFET 在工作时绝对不能超过这个电压。

(5) 输入电容 C_{iss} 和输出电容 C_{oss}:功率 MOSFET 的极间电容包括栅源电容 C_{GS}、栅漏

电容 C_{GD} 和漏源电容 C_{DS}，它们是由 MOS 结构的绝缘层形成的。一般器件生产厂家不直接提供极间电容值，而是给出输入电容 C_{iss}、输出电容 C_{oss} 和反馈电容 C_{rss}，它们与极间电容的关系为：$C_{iss}=C_{GS}+C_{GD}$，$C_{oss}=C_{DS}+C_{GD}$，$C_{rss}=C_{GD}$。它们的大小直接决定着功率 MOSFET 的开关速度。

（6）最大耗散功率 P_D：指器件所能承受的最大发热功率。一般器件手册中给出的是 $T_C=25\ ℃$ 时的最大耗散功率。

（7）开关时间：$t_{d(ON)}$ 为开通延时时间，t_r 为开通上升时间，$t_{d(OFF)}$ 为关断延时时间，t_f 为下降时间。其中，$t_{ON}=t_{d(ON)}+t_r$，称为开通时间；$t_{OFF}=t_{d(OFF)}+t_f$，称为关断时间。这些都是表示功率 MOSFET 开关速度的参数，对功率开关器件来说是非常重要的。

3）几种常用的功率 MOSFET

表 1-1-19 给出了几种常用功率 MOSFET 的主要参数。

表 1-1-19 常用功率 MOSFET 的主要参数

型号	$U_{GS(th)}$/V	$U_{(BR)DSS}$/V	I_{DSS}/A	$R_{DS(ON)}$/Ω	P_D/V	$t_{d(ON)}$/ns	$t_{d(OFF)}$/ns
2N6756	4	100	14	0.33	75	30	40
2N6758	4	200	9	0.75	75	30	50
2N6760	4	400	5.5	3.3	75	30	55
BUZ84	4	800	6	2	125	90	430
BUZ330	4	500	9.5	0.6	125	40	310
BUZ355	4	800	6	1.6	125	90	430
IRF630	4	200	9	0.6	75	30	50
IRF640	4	200	18	0.22	125	30	80
IRF820	4	500	2.5	4	40	60	60
IRF830	4	500	4.5	2	75	30	55
IRF840	4	500	8	1	125	35	90
IRF9640	4	200	11	0.5	125	30	18
IRFZ40	4	50	51	0.035	125	25	70

第九节 模拟集成电路

一、国外部分公司及产品代号

表 1-1-20 国外部分公司及产品代号

公司名称	代号	公司名称	代号
美国无线电公司(BCA)	CA	美国悉克尼特公司(SIC)	NE
美国国家半导体公司(NSC)	LM	日本电气工业公司(NEC)	μPC
美国莫托洛拉公司(MOTA)	MC	日本日立公司(HIT)	RA
美国仙童公司(PSC)	μA	日本东芝公司(TOS)	TA
美国德克萨斯公司(TII)	TL	日本三洋公司(SANYO)	LA,LB
美国模拟器件公司(ANA)	AD	日本松下公司	AN
美国英特西尔公司(INL)	IC	日本三菱公司	M

二、部分模拟集成电路的引脚排列

1) 运算放大器(图 1-1-33)

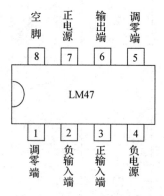

图 1-1-33 运算放大器

2) 集成稳压器(图 1-1-34)

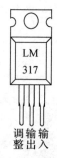

图 1-1-34 集成稳压器

3) 音频功率放大器(图1-1-35)

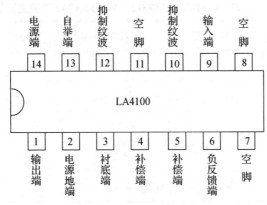

图1-1-35 音频功率放大器

4) 部分模拟集成电路的主要参数
(1) μA741运算放大器的主要参数(表1-1-21)

表1-1-21 μA741的性能参数

电源电压 $+V_{CC}$ $-V_{EE}$	+3V~+18V,典型值+15V −3V~−18V,典型值−15V	工作频率	10 kHz
输入失调电压 U_{io}	2 mV	单位增益带宽积 $A_v \cdot BW$	1 MHz
输入失调电流 I_{io}	20 nA	转换速率 S_R	0.5 V/μS
开环电压增益 A_{vo}	106 dB	共模抑制比 CMRR	90 dB
输入电阻 R_i	2 MΩ	功率消耗	50 mW
输出电阻 R_o	75 Ω	输入电压范围	±13 V

(2) LA4100、LA4102音频功率放大器的主要参数(表1-1-22)

表1-1-22 LA4100、LA4102的典型参数

参数名称	条件	典型值	
		LA4100	LA4102
耗散电流/mA	静态	30.0	26.1
电压增益/dB	$R_{NF}=220\ \Omega, f=1\ kHz$	45.4	44.4
输出功率/W	$THD=10\%, f=1\ kHz$	1.9	4.0
总谐波失真×100	$P_o=0.5\ W, f=1\ kHz$	0.28	0.19

注:$+V_{CC}=+6$ V(LA4100) $+V_{CC}=+9$ V(LA4102) $R_L=8\ \Omega$

(3) CW7805、CW7812、CW7912、CW317集成稳压器的主要参数(表1-1-23)

表1-1-23 CW7805、CW7812、CW7912、CW317的主要参数

参数名称	CW7805	CW7812	CW7912	CW317
输入电压/V	+10	+19	−19	≤40
输出电压范围/V	+4.75～+5.25	+11.4～+12.6	−11.4～−12.6	+1.2～+37
最小输入电压/V	+7	+14	−14	$+3 \leqslant V_i - V_o \leqslant +40$
电压调整率/mV	+3	+3	+3	0.02%/V
最大输出电流/A	加散热片可达1 A			1.5

第二章　误差分析与测量结果的处理

在测量过程中,由于各种原因,测量结果(待测量的测量值)和待测量的客观真值之间总存在一定差别,即测量误差。因此学生应学会分析误差产生原因,了解如何采取措施来减少误差以使测量结果更加准确。

一、误差分析

1) 测量误差的来源

测量误差的来源主要有以下几种:

(1) 仪器误差。此误差是由于仪器的电气或机械性能不完善而产生的误差,如校准误差、刻度误差等。

(2) 使用误差。使用误差又称操作误差,指在使用仪器过程中,因安装、调节、布置、使用不当而引起的误差。

(3) 人身误差。人身误差是由于人在感觉器官和运动器官的限制下而造成的误差。

(4) 影响误差。影响误差又称环境误差,指由于受到温度、湿度、大气压、电磁场、机械振动、声音、光照、放射性等影响而造成的附加误差。

(5) 方法误差。方法误差又称理论误差,指由于使用的测量方法不完善、理论依据不严密、对某些经典测量方法做了不适当的修改简化而产生的误差,即由于某些因素在测量结果的表达式中没有得到反映,而实际上这些因素又起了作用而引起的误差。例如,用伏安法测电阻时,若直接以电压表示值与电流表示值之比作测量结果,而不计电表本身内阻的影响,就会引起误差。又如,测量并联谐振的谐振频率时,常用近似公式为

$$f = \frac{1}{2\pi\sqrt{LC}}$$

若考虑 L、C 的实际串联损耗电阻 r_L、r_C 时,则实际的谐振频率应为

$$f = \frac{1}{2\pi\sqrt{LC}}\sqrt{\frac{1-r_L^2(C/L)}{1-r_C^2(C/L)}}$$

所以两者之间存在误差。这种用近似公式带来的误差称为方法误差。

2) 测量误差的分类

测量误差按性质和特点可分为系统误差、随机误差和疏失误差三大类。

(1) 系统误差

系统误差指在相同条件下重复测量同一量时,误差的大小和符号保持不变或按照一定的规律变化的误差。系统误差是由某些固定不变的因素引起的,这些因素影响的结果永远朝一个方向偏移,其大小和符号在同一组实验测量中完全相同。实验条件一经确定,系统误

差就是一个客观上的恒定值，多次测量的平均值也不能减弱它的影响。系统误差一般可通过实验或分析方法查明其变化规律及产生原因，因此这种误差是可以预测的，也是可以减少或消除的。例如，若仪器的零点没有调整好，可以采取措施予以消除。

（2）随机误差（偶然误差）

在相同条件下多次重复测量同一量时，若误差时大时小，时正时负，其大小和符号无规律变化，则将这类误差称为随机误差或偶然误差。这类误差的产生原因不明，因而无法控制和补偿。随机误差不能用实验方法消除。但若对某一量进行足够多次的等精度测量，就会发现随机误差服从统计规律，这种规律可用正态分布曲线表示。

正态分布具有以下特点：

① 正态分布曲线呈对称结构，以平均值为中心；

② 当 x 处于平均值时，曲线处于最高点；当 x 向左右偏离时，曲线逐渐降低，整个曲线呈中间高、两边低的形状；

③ 曲线与横坐标轴所围成的面积等于 1。

随着测量次数的增加，随机误差的算术平均值趋近于 0，所以多次测量结果的算术平均值将更接近于真值。

（3）疏失误差（粗差）

这是一种过失误差，它是由于测量者对仪器不了解、粗心而引起的，如读错数据、记错数据或计算错误、操作失误等，测量条件的突然变化也会引起粗差。含有粗差的测量值称为坏值或异常值。实验时，必须根据统计检验方法的某些准则去判断哪个测量值是坏值，然后将其剔除。

二、误差表示法

测量误差按误差表示方法可分为绝对误差和相对误差。

1）绝对误差

设被测量的真值为 A_0，测量仪器的示值为 X，则绝对值为

$$\Delta X = X - A_0$$

在某一时间及空间条件下，被测量的真值虽然是客观存在的，但一般无法测得，只能尽量逼近它。故常用高一级标准仪表测量的示值 A 代替真值 A_0，则

$$\Delta X = X - A$$

在测量前，测量仪器应由高一级标准仪器进行校正，校正量常用修正值 C 表示。对于被测量，高一级标准仪器的示值减去测量仪器的示值所得的值就是修正值。实际上，修正值就是绝对误差，只是符号相反，即

$$C = \Delta X = A - X$$

利用修正值便可得到该仪器所测量的实际值为

$$A = X + C$$

例如,用电压表测量电压时,电压表的示值为 2.2 V,通过检定得出其修正值为 -0.01 V,则被测电压的真值为

$$A = 2.2\ \text{V} + (-0.01\ \text{V}) = 2.19\ \text{V}$$

2) 相对误差

绝对误差值的大小往往不能确切地反映被测量的准确程度。例如,测量 100 V 电压时,$\Delta X_1 = +1$ V,而在测 10 V 电压时,$\Delta X_2 = +0.5$ V。虽然 $\Delta X_1 > \Delta X_2$,可实际 ΔX_1 只占被测量的 1%,而 ΔX_2 却占被测量的 5%。显然,后者对测量结果的相对影响更大。因此,工程上常采用相对误差来反映测量结果的准确程度。相对误差又分为实际相对误差、示值相对误差和引用相对误差。实际相对误差是用绝对误差 ΔX 与被测量的实际值 A 的比值的百分数来表示的相对误差,记为

$$\gamma_A = \Delta X / A \times 100\%$$

示值相对误差是用绝对误差 ΔX 与仪器给出值 X 的比值的百分数来表示的相对误差,记为

$$\gamma_X = \Delta X / X \times 100\%$$

引用(或满度)相对误差是用绝对误差 ΔX 与仪器满刻度值 X_m 的比值的百分数来表示的相对误差,记为

$$\gamma_m = \Delta X / X_m \times 100\%$$

电工仪表的准确度等级是由 γ_m 决定的。例如,1.5 级的电表表明 $\gamma_m \leqslant \pm 1.5$。我国电工仪表的 γ_m 值共分七级:0.1、0.2、0.5、1.0、1.5、2.5、5.0。若某仪表的等级是 S 级,它的满刻度值为 X_m,则测量的绝对误差为

$$\Delta X \leqslant X_m S\%$$

其示值相对误差为

$$\gamma_X \leqslant (X_m S\%) / X$$

在上式中,总是满足 $X \leqslant X_m$ 的,可见当仪表等级 S 选定之后,X 越接近 X_m 时,γ_X 的上限值越小,测量越准确。因此,当我们使用这类仪表进行测量时,一般应使被测量的值尽可能在仪表满刻度值的二分之一以上。

例如,要测量一个 10 V、50 Hz 的电压,现用 1.5 级的电表,可选用 15 V 或 150 V 的量程。那么该如何选择量程呢?

选用 150 V 的量程时,测量产生的绝对误差为

$$\Delta V = V_M \times S\% = 150\ \text{V} \times 1.5\% = 2.25\ \text{V}$$

而选用 15 V 的量程时,测量产生的绝对误差为

$$\Delta V = V_M \times S\% = 15\ \text{V} \times 1.5\% = 0.225\ \text{V}$$

显然，选用15 V的量程测量10 V电压所产生的绝对误差要小得多。

三、测量结果的处理

测量结果通常用数字或图形表示。

1）测量结果的数据处理

直接测量数据是从测量仪表上直接读取的，读取数据的基本原则是允许最后一位有效数字（包括0）是估读的欠准数字，其余各高位都必须是确知数字。测量结果的有效数字位数应该与测量误差相对应。例如，测得的电压值为5.672 V，测量误差为±0.05 V，则测量结果应为5.67 V。

在欠准数字中，要特别注意0的情况。例如测量某电阻的阻值结果是13.600 kΩ，表明前面4位数1、3、6、0是准确数字，最后一位数0是欠准数字，其误差范围为±0.001 kΩ。如改写为13.6 kΩ，则表明前面两位数1和3是准确数字，最后一位数6是欠准数字，其误差范围为±0.1 kΩ。这两种写法尽管表示同一数值，但实际上却反映了不同的测量准确度。

如果用10的方幂来表示一个数据，则10的方幂前面的数字都是有效数字。例如，13.60×10^3 Ω 表明它的有效数字为4位。

$\pi、\sqrt{2}$ 等常数具有无限位数的有效数字，在运算时可根据需要取适当的位数。

测量结果中有时会出现多余的有效数字，此时应按下述舍入原则处理：当多余的有效数字不等于5时，按大于5则入、小于5则舍的原则处理；当多余的有效数字等于5时，要看该数的前一位是奇数还是偶数，奇数则入，偶数则舍。例如，把下列箭头左端的数各删掉一位有效数字，按上述原则处理后即得右端的结果[四舍六入，(遇五)奇进偶不进]：

$$3.378 \rightarrow 3.38 \qquad 6.294 \rightarrow 6.29$$
$$1.245 \rightarrow 1.24 \qquad 5.455 \rightarrow 5.46$$

间接测量数据是通过对直接测量数据进行加、减、乘、除等运算得到的。当测量结果需要进行中间运算时，有效数字位数保留太多将使计算变得复杂，而有效数字保留太少又可能影响测量精度。运算结果究竟保留多少位才恰当，原则上取决于参与运算的各数中精度最低的那一项。一般取舍规则如下：

① 加、减运算

由于参加运算的各项数据必为相同单位的同一类物理量，故精度最低的数据也就是小数点后面有效数字位数最少的数据（如无小数点，则为有效位数最少者）。因此，在运算前应将各数据小数点后的位数进行处理，使之与精度最低数据的相同，然后再进行运算。

② 乘、除运算

运算前对各数据的处理仍以有效数字位数最少为准，与小数点无关。所得积和商的有效数字位数取决于有效数字位数最少的那个数据。

例：求 $0.0121\times25.645\times1.05782$ 的值。

由于0.0121的有效数字为3位，位数最少，所以应对另外两个数据进行处理，如下所示：

$$25.645 \to 25.6$$
$$1.05782 \to 1.06$$

所以 $0.0121 \times 25.6 \times 1.06 = 0.3283456 \approx 0.328$。

若有效数字位数最少的数据的第一位数为 8 或 9，则有效数字位数应多计 1 位。例如，上例中若将 0.0121 改为 0.0921，则另外两个数据应取 4 位有效数字，即

$$25.645 \to 25.64$$
$$1.05782 \to 1.058$$

对于运算项目较多或重要的测量结果，可酌情多保留 1~2 位有效数字。

③ 乘方和开方运算

运算结果应比原数据多保留 1 位有效数字。例如：

$$(25.6)^2 = 655.36 \approx 655.4$$
$$\sqrt{4.8} \approx 2.19$$

④ 对数运算

对数运算前后的有效数字位数相等。例如：

$$\ln 106 \approx 4.66$$
$$\log_{10} 7.564 \approx 0.8787$$

2) 测量结果的图示处理

在分析两个（或多个）物理量之间的关系时，用曲线表示常常比用数字、公式表示更加形象和直观。因此，测量结果常要用曲线来表示。在实际测量过程中，由于各种误差的影响，测量数据将出现离散现象，如将测量点直接连接起来，将不是一条光滑的曲线，而是呈波动的折线状，如图 1-2-1 所示。但可运用有关的误差理论，把各种随机因素引起的曲线波动抹平，使其成为一条光滑均匀的曲线，较为符合实际情况。

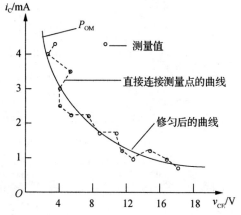

图 1-2-1 直接连接测量点时曲线的波动情况

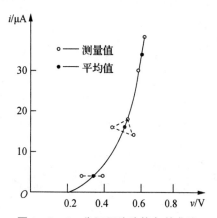

图 1-2-2 分组平均法修匀的曲线

在要求不太高的测量中，常采用一种简便、可行的工程方法——分组平均法来修匀曲

线。这种方法是将各数据点分成若干组,每组含 2～4 个数据点,然后估取各组的几何重心,再将这些重心连接起来。图 1-2-2 就是每组取 2～4 个数据点进行平均后的修匀曲线。这条曲线由于进行了数据平均,在一定程度上减少了偶然误差的影响,较为符合实际情况。

注意,在曲线斜率大以及变化规律重要的地方,测量点应适当选择得密一些,分组数目也应适当多些,以确保准确性。

第三章　TTL 电路的使用规则

（1）接插集成块时，要认清定位标记，不得插反。

（2）电源电压 $V_{CC}=+5\text{ V}\pm10\%$，超过这个范围将损坏器件或使其功能不正常。

TTL 电路存在电源尖峰电流，因此要求电源具有小的内阻和良好的地线，必须重视电路的滤波。除了在电源输入端要接有 100 pF 电容的低频滤波外，每隔 5～10 个集成电路还应接入一个 0.01～0.1 pF 的高频滤波电容。在使用中规模以上集成电路和高频电路时，还应适当增加高频滤波电容。

（3）不使用的输入端处理办法（以与非门电路为例）：

① 若电源电压不超过 5.5 V，可以直接接入 V_{CC}，也可以串入一只 1～10 kΩ 的电阻，或者接 2.4～5 V 的固定电压来获得高电平输入。

② 若前级驱动器能力允许，可以与使用的输入端并联使用，但应当注意，对于 74LS 系列器件，应避免这样使用。

③ 悬空相当于逻辑"1"，但是输入端容易受干扰，从而破坏电路功能。对于接有长线的输入端、中规模以上的集成电路和使用集成电路较多的复杂电路，所有控制输入端必须按逻辑要求可靠地接入电路，不允许悬空。

④ 对于不使用的与非门，为了降低整个电路的功耗，应把其中一个输入端接地。

⑤ 或非门、或门中不使用的输入端应接地。对于与或非门中不使用的与门，至少应有一个输入端接地。

（4）TTL 电路输入端通过电阻接地，电阻阻值的大小会直接影响电路所处的状态。当 $R\leqslant 680\text{ Ω}$ 时，输入端相当于逻辑"0"；当 $R\geqslant 10\text{ kΩ}$ 时，输入端相当于逻辑"1"。对于不同系列的器件，要求的阻值不同。

（5）TTL 电路（除集电极开路输出电路和三态输出电路外）的输出端不允许并联使用；否则，不仅会使电路逻辑混乱，而且会导致器件损坏。

（6）输出端不允许直接与+5 V 电源或地连接，否则会导致器件损坏。

另外，以 X-Y 坐标轴方式观察特性曲线时要注意原点的确定。

第四章 放大器干扰和噪声的抑制以及自激振荡的消除

放大器的调试一般包括调整和测量静态工作点,调整和测量放大器的性能指标,如放大倍数、输入电阻、输出电阻和通频带等。由于放大电路是一种弱电系统,具有很高的灵敏度,因此很容易受到外界和内部一些无规则信号的影响。也就是在放大器的输入端短路时,输出端仍有杂乱无规则的电压输出,这就是放大器的噪声和干扰电压。另外,由于安装、布线不合理,负反馈太深以及各级放大器共用一个直流电源造成级间耦合等原因,也使放大器在没有输入信号时,有一定幅度和频率的电压输出,例如收音机发出的啸叫声或汽船发出的"突突"声,这就是放大器发生了自激振荡。噪声、干扰和自激振荡的存在都妨碍了对有用信号的观察和测量,严重时放大器将不能正常工作。所以必须抑制干扰和噪声并消除自激振荡,才能进行正常的调试和测量。

一、干扰和噪声的抑制

把放大器输入端短路,在放大器输出端仍可测量到一定的噪声和干扰电压,其频率如果是 50 Hz(或 100 Hz),一般称为 50 Hz 交流声;有时频率是非周期性的,没有一定规律,可以用示波器观察到如图 1-4-1 所示的波形。50 Hz 交流声大都来自电源变压器或交流电源线,100 Hz 交流声往往是由于整流滤波不良所造成的。另外,由电路周围的电磁波干扰信号引起的干扰电压也是常见的。由

图 1-4-1 噪声波形

于放大器的放大倍数很高(特别是多级放大器),只要在它的前级引进一点微弱的干扰,经过几级放大,在输出端就可以产生一个很大的干扰电压。此外,电路中的地线接得不合理,也会引起干扰。

抑制干扰和噪声的措施一般有以下几种:

1) 选用低噪声的元器件

例如,可选用噪声小的集成运放和金属膜电阻等,另外可加低噪声的前置差动放大电路。由于集成运放内部电路复杂,因此它的噪声较大。即使是极低噪声的集成运放,也不如某些噪声小的场效应对管或双极型超 β 对管,所以在要求噪声系数极低的场合,最好挑选噪声小的对管组成前置差动放大电路,也可加有源滤波器。

2) 合理布线

放大器输入回路的导线与输出回路、交流电源的导线要分开,不要平行铺设或捆扎在一起,以免相互感应。

3) 屏蔽

小信号的输入线可以采用具有金属丝外套的屏蔽线,外套接地。整个输入级用单独金属盒罩起来,外罩接地。电源变压器的初级与次级之间加屏蔽层。电源变压器要远离放大器前级,必要时可以把变压器也用金属盒罩起来,以利于隔离。

4) 滤波

为防止电源串入干扰信号,可在交(直)流电源线的进线处加滤波电路。如图 1-4-2 (a)、(b)、(c)所示的无源滤波器可以滤除天电干扰(由雷电等引起)和工业干扰(由电机、电磁铁等设备启动、制动时引起)等干扰信号,而不影响 50 Hz 电源的引入。图中电感 L 的数值一般为几至几十毫亨,电容 C 的数值一般为几千皮法。图 1-4-2(d)中阻容串联电路对电源电压的突变有吸收作用,以免其进入放大器,其中 R 和 C 的数值可选取 100 Ω 和 2 μF 左右。

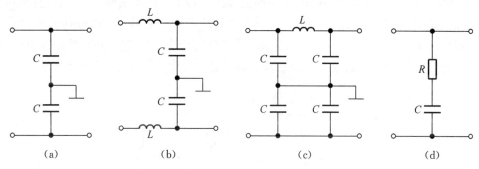

图 1-4-2　无源滤波器

5) 选择合理的接地点

在各级放大电路中,如果接地点安排不当,也会造成严重的干扰。例如,如图 1-4-3 所示,同一台电子设备的放大器由前置放大级和功率放大级组成。当接地点如图中实线所示时,功率放大级的输出电流是比较大的,此电流通过导线产生的压降与电源电压一起作用于前置放大级,引起扰动,甚至产生振荡。此外,由于负载电流流回电源时会造成机壳(地)与电源负端之间电压波动,而前置放大级的输入端接到这个不稳定的"地"上会引起更为严重的干扰。如将接地点改成图中虚线所示,则可克服上述弊端。

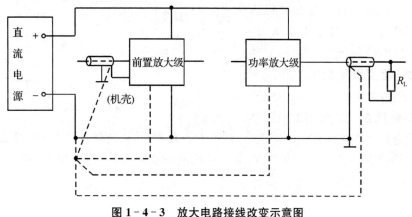

图 1-4-3　放大电路接线改变示意图

二、自激振荡的消除

要检查放大器是否发生自激振荡,可以把输入端短路,用示波器(或毫伏表)接在放大器的输出端进行观察,如图1-4-4所示。自激振荡和噪声的区别是:自激振荡的频率一般为比较高或极低的数值,而且频率随着放大器元件参数的不同而改变(甚至拨动一下放大器内部导线的位置,频率也会随之改变),振荡波形一般是比较规则的,幅度也较大,往往使三极管处于饱和和截止状态。

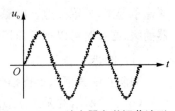

图1-4-4 放大器自激振荡波形

高频振荡主要是由于安装、布线不合理所引起的。例如输入线和输出线靠得太近,产生正反馈作用。对此应从安装工艺方面解决,如元件布置紧凑、接线短等。也可以用一个小电容的(例如1 000 pF左右)一端接地,另一端逐级接触管子的输入端或电路中合适部位,找到抑制振荡的最灵敏的一点(即电容接此点时自激振荡消失),然后在此处外接一个合适的电阻电容或单一电容(一般为100 pF~0.1 μF,由具体实验决定),进行高频滤波或负反馈,以压低放大电路对高频信号的放大倍数或移动高频电压的相位,从而抑制高频振荡(如图1-4-5所示)。

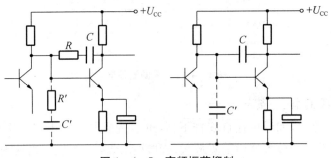

图1-4-5 高频振荡抑制

低频振荡是由于各级放大电路共用一个直流电源所引起的。如图1-4-6所示,因为电源总有一定的内阻R_o,特别是电池用的时间过长或稳压电源质量不高,使得内阻R_o比较大时,会引起U'_{cc}处电位的波动,U'_{cc}的波动作用到前级,使前级输出电压相应变化,经放大后使波动更厉害,如此循环,就会造成振荡现象。最常用的消除办法是在放大电路各级之间加上去耦电路,如图中的R和C,从电源方面使前后级减小相互影响。去耦电路中R的值一般为几百欧,电容C的值一般为几十微法或更大一些。

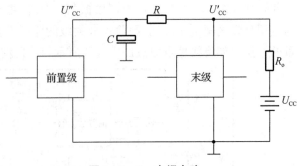

图1-4-6 去耦电路

第二部分
模拟电子技术实验

实验一 常用电子器件的认识与检测

一、实验目的

1. 掌握万用表的使用方法。
2. 掌握用万用表测试电阻阻值的方法。
3. 掌握用万用表检测电位器和电容的方法。
4. 掌握用万用表粗略鉴别晶体管性能的方法。

二、实验设备与器件

1. 指针万用表或数字万用表。
2. 电阻器、电容器、晶体二极管、晶体三极管若干。

三、实验原理

参见第一部分第一章"元器件的识别"中的相关内容,了解电阻、电位器、电容和晶体管的基本常识,知道如何检测这些元器件。

1) 色环电阻的识别

用不同色环标明阻值及误差,具有标志清晰、从各个角度都容易看清标志的优点。

普通电阻用 4 条色环表示标称阻值和允许误差,其中 3 条表示阻值,1 条表示误差,各色环表示说明如图 2-1-1 和表 2-1-1 所示。注意电阻的标称值的单位是欧姆(Ω)。

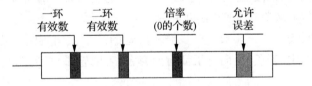

图 2-1-1 普通电阻色环表示说明

表 2-1-1 四色环电阻颜色标记

颜色	黑	棕	红	橙	黄	绿	蓝	紫	灰	白	金	银	无色
有效数值	0	1	2	3	4	5	6	7	8	9			
倍率	10^0	10^1	10^2	10^3	10^4	10^5	10^6	10^7	10^8	10^9	10^{-1}	10^{-2}	
允许误差										$+50\%\sim-20\%$	$\pm 5\%$	$\pm 10\%$	$\pm 20\%$

例如:电阻器上的色环依次为棕、红、黑、银,表示该电阻器为 12Ω±10% 的电阻器;如果是红、黄、红、金,则表示该电阻器为 2.4 kΩ±5% 的电阻器。

精密电阻用 5 条色环表示标称阻值和允许误差,如图 2-1-2 和表 2-1-2 所示。

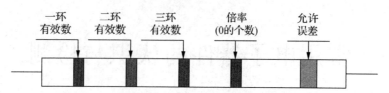

图 2-1-2 精密电阻色环表示说明

表 2-1-2 五色环电阻颜色标记

颜色	黑	棕	红	橙	黄	绿	蓝	紫	灰	白	金	银
有效数值	0	1	2	3	4	5	6	7	8	9		
倍率	10^0	10^1	10^2	10^3	10^4	10^5	10^6	10^7	10^8	10^9	10^{-1}	10^{-2}
允许误差		±1%	±2%			±0.5%	±0.25%	±0.1%				

例如:电阻器上的色环依次为棕、蓝、绿、黑、棕,则表示该电阻器为 165 Ω±1% 的电阻器。

2) 用万用表测试晶体二极管

(1) 鉴别正、负极性

万用表欧姆挡的内部电路可以用图 2-1-3(a)所示电路等效,由图可见,黑表笔为正极性,红表笔为负极性。将万用表选在 $R×100\ Ω$ 挡,两表笔接到二极管两端,如图 2-1-3(b)所示,若表针指在几千欧以下的阻值,则接黑表笔一端为二极管的正极,二极管正向导通;反之,如果表针指在很大(几百千欧)的阻值,则接红表笔的那一端为正极。由不同材料制作的二极管的 R_b 不一样,从而引起万用表指针的偏转程度不一样。偏转大的为锗材料,偏转小的为硅材料,即正向电阻小的为锗材料,正向电阻大的为硅材料。

(2) 鉴别性能

将万用表的黑表笔接二极管正极,红表笔接二极管负极,测得二极管的正向电阻。一般在几千欧以下为好,要求正向电阻愈小愈好。将红表笔接二极管的正极,黑表笔接二极管负极,可测出反向电阻,一般应在 200 kΩ 以上。

测量结果可对照表 2-1-3 来进一步对二极管的质量做出判断。若反向电阻太小,二极管失去单向导电作用;若正、反向电阻都为无穷大,表明管子已断路;反之,若二者都为 0,表明管子短路。

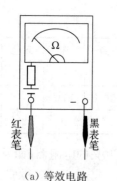

(a) 等效电路

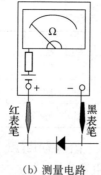

(b) 测量电路

图 2-1-3 万用表测量电路图

表 2-1-3 二极管质量检查表

正向电阻	反向电阻	管子好坏
100欧到几千欧	几千欧到几百千欧	好
0	0	短路损坏
∞	∞	开路损坏
正、反向电阻比较接近		管子失效

3) 用万用表测试小功率晶体三极管

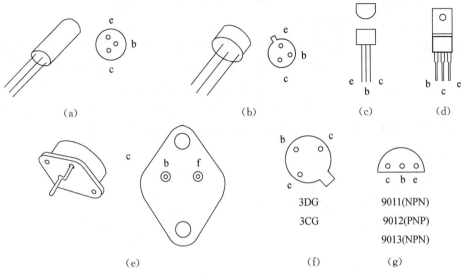

图 2-1-4　常见三极管的外形及管脚排列

分立器件中双极型三极管比场效应管应用得更加广泛。三极管的封装形式有金属壳封装、塑料封装等，常见三极管封装外形及管脚排列如图 2-1-4 所示。需要指出的是，图 2-1-4 中的管脚排列遵循一般规律，对于外壳上有管脚指示标志的，应按标志识别；对于外壳上无管脚指示标志的，应以测量结果为准。

晶体三极管的结构犹如"背靠背"的两个二极管，如图 2-1-5 所示，用万用表。测试时用 $R\times100\ \Omega$ 或 $R\times1\ k\Omega$ 挡。

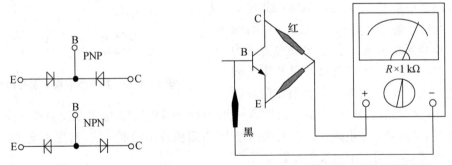

图 2-1-5　晶体三极管的两个 PN 结构示意图　　图 2-1-6　判断基极 B 和管子的类型

(1) 判断基极 B 和管子的类型

基极与集电极、基极与发射极分别是两个 PN 结，它们的反向电阻都很大，而正向电阻都很小，所以用万用表（$R\times100\ \Omega$ 或 $R\times1\ k\Omega$ 挡）测量时，如图 2-1-6 所示，用万用表的黑表笔接晶体管的某一极，红表笔依次接其他两个极：

① 若两次测得的阻值都很小（在几千欧以下），则黑表笔接的是 NPN 型管子的基极 B；

② 若两次测得的阻值为一大一小，应换一个极再测量；

③ 若测得的阻值都很大（在几百千欧以上），把表笔调换的测试：

- 若两次测得阻值都很小,则红表笔所接的是 PNP 型管子的基极 B;
- 若两次测得的阻值为一大一小,应换一个极再测量。

(2) 确定发射极 E 和集电极 C

为使三极管具有电流放大作用,发射结需加正偏置,集电结加反偏置。现以 PNP 型管为例。基极确定以后,用万用表两支表笔分别接另两个未知电极,假设红表笔所接电极为 C,黑表棒所接电极为 E,用一个 100 kΩ 电阻的一端接 B 极,如图 2-1-7 所示。一端接红表笔(相当于注入一个 I_B),观察接上电阻时表针摆动的幅度大小。再把两表笔对调,重测一次。根据晶体管放大原理可知,表针摆动大的一次,红表笔所接的为管子的集电极 C,则另一个极为发射极 E。

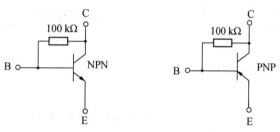

图 2-1-7 晶体三极管的偏置情况

也可用手捏住基极 B 与红表笔(不要使 B 极与表笔相碰),以人体电阻代替 100 kΩ 电阻(如图 2-1-8 所示),同样可以判别管子的电极。具体做法是:确定基极后,假定另外两个电极中的一个为集电极 C,用手指将假定的集电极 C 与已知的基极 B 捏在一起。注意:两个电极不能相碰!若已知被测管子为 NPN 型,则以万用表的黑表笔接在假定的集电极上,红表笔接在假定的发射极上,这时测出一个电阻值。再把第一次测量中所假定的集电极和发射极互换,进行第二次测量,又得到一个电阻值。在两次测量中,电阻值较小的那一次,与黑表笔相接的电极即为集电极 C,则另一个电极为发射极 E。

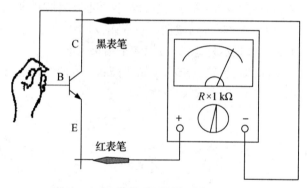

图 2-1-8 确定发射极 E 和集电极 C

(3) 判别穿透电流 I_{CEO} 的大小

用万用表 R×1 kΩ 挡,在基极开路的条件下测 C、E 极间的电阻。当测得的电阻值在几十千欧以上时,说明穿透电流不大,管子可用;若测得的电阻值很小,则表明穿透电流很大,管子质量差;若测得的电阻值接近于零,则表明管子已被击穿;若测得的电阻值无穷大,则表明管子极间断路。

(4) 测得电流放大系数 β

可利用万用表的 h_{FE} 插孔来测量,在 h_{FE} 标尺上读到的数值即放大倍数。

若万用表上没有 h_{FE} 插孔,可利用 R×1 kΩ 挡估测三极管的放大能力。具体做法是:若被测管为 NPN 型,应将黑表笔接 C 极,红表笔接 E 极。测量时首先把基极 B 空置,两只手分别捏住 E、C 两极,观察表针偏转后的位置。因两手间的人体电阻(一般为几百千欧)与 E、C 极并联着,这时测得结果已不完全是穿透电流。用舌尖舔一下基极,可看到表针向右又偏转一个角度,偏转角度越大,说明管子的放大能力越强;若表针偏转很小,说明管子的放大能力很低;若表针不动,说明管子已无放大能力。

四、实验内容与方法

1. 用万用表测试色环电阻阻值,并与标称阻值作比较。
2. 用万用表检测电位器和电容的性能。
3. 用万用表测量二极管的正、反向电阻,判断其极性和材料。
4. 用万用表判别若干晶体三极管的管脚、类型及性能优劣:
(1) 判别晶体管的类型和基极;
(2) 判别晶体管的集电极;
(3) 测量晶体管的放大倍数,估测晶体管的性能优劣。

测量操作注意事项:

① 万用表的黑表笔为正极性,红表笔为负极性,切勿与万用表表面上所标的极性符号相混淆。

② 万用表的功能选择开关旋转到适当量程的电阻挡后,先调整零点,再进行测量。在测量中,每次变换量程后都必须重新调零后再使用。

③ 测试时,特别是在测阻值达几十千欧以上的电阻时,手不要触及表笔和电阻的导电部分。

④ 测量晶体管时,万用表应置于 $R \times 100 \ \Omega$ 或 $R \times 1 \ \text{k}\Omega$ 挡,切勿放置于低欧姆挡或高欧姆挡,以防晶体管损坏。

五、实验报告要求

1. 随机选取若干色环电阻,读出标称阻值,并测量实际阻值,记入表 2-1-4 中。

表 2-1-4 色环电阻测试

色 环				
标称值				
实测值				

2. 用万用表检测若干电位器和电容的性能,记录测试结果。
3. 用万用表鉴别晶体二极管的正、负极性以及正向电阻、反向电阻,并判断其材料,记入表 2-1-5 中。

表 2-1-5　二极管鉴别

型号	材料	正向电阻	反向电阻

4. 用万用表鉴别晶体三极管的管脚,判断其材料和类型,并测量其电流放大系数 β 的大小,记入表 2-1-6 中。

表 2-1-6　三极管鉴别

型号	材料	管脚分布	类型	β 大小

六、思考题

1. 万用表使用前应该注意什么?
2. 万用表在测量电阻时,黑表笔和红表笔分别接内部电池的什么极?
3. 用万用表的 $R \times 100$ Ω 挡测得某电阻阻值为 8.7 kΩ,有没有问题?
4. 判断二极管的极性和判断三极管的基极、管子的类型的主要依据是什么?

实验二 常用电子仪器的使用

一、实验目的

1. 熟悉电子学综合实验装置(简称实验台)的结构、工作性能、面板各旋钮的作用和具体操作方法。
2. 学习电子电路实验中常用的示波器、函数信号发生器、直流稳压电源、交流毫伏表、频率计等电子仪器的主要技术指标、性能及正确使用方法。
3. 初步掌握用双踪示波器观察正弦信号波形和读取波形参数的方法。

二、实验设备与器件

1. 函数信号发生器。
2. 双踪示波器。
3. 交流毫伏表。
4. DZX-3型电子学综合实验装置。

三、实验原理

在模拟电子电路实验中,经常使用的电子仪器有示波器、函数信号发生器、直流稳压电源、交流毫伏表及频率计等。它们和万用电表一起,可以完成对模拟电子电路的静态和动态工作情况的测试。

实验中要对各种电子仪器进行综合使用,可按照信号流向,根据连线简捷、调节顺手、观察与读数方便等原则进行合理布局,各仪器与被测实验装置之间的布局与连接如图2-2-1所示。接线时应注意,为防止外界干扰,各仪器的公共接地端应连接在一起,称作共地。信号源和交流毫伏表的引线通常用屏蔽线或专用电缆线,示波器接线使用专用电缆线,直流电源的接线使用普通导线。

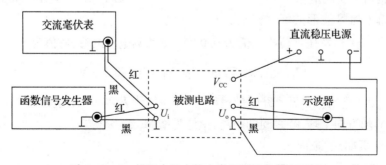

图2-2-1 模拟电子电路中常用电子仪器布局图

1）实验台面板结构及使用方法介绍

具体内容参见附录二。

2）交流毫伏表

采用双路交流毫伏表,可同时测试两路信号,便于对放大器的输入、输出信号进行比较。交流毫伏表只能在其工作频率范围之内测量正弦交流电压的有效值,为了防止因过载而损坏,测量前一般先把其量程开关置于量程较大位置上,然后在测量中逐挡减小量程。

使用要点:

① 适用于正弦波,示数为有效值。

② 红夹接有效端,黑夹接共地端。

③ 注意 MODE 键弹出。

3）函数信号发生器

函数信号发生器按需要可输出正弦波、方波、三角波等各种信号波形,输出电压最大可达 20 V_{pp};通过数字键盘输入和挡位选择设定电压,通过调节旋钮进行调节,可使输出电压在毫伏级到伏级范围内连续调节;通过数字键盘输入和挡位选择设定输出信号频率,通过调节旋钮进行调节,可连续调节输出信号频率。具体介绍参见附录三。

使用要点:

① 使用前要检查通道选择、波形选择、频率(周期)选择、电压(幅度)选择,正确设置挡位。

② 红夹接有效端,黑夹接共地端。

③ 函数信号发生器作为信号源,它的输出端不允许短路。

4）示波器

示波器是一种用途很广的电子测量仪器,它既能直接显示电信号的波形,又能对电信号进行各种参数的测量,如图 2-2-2 所示。

(1) 信号幅值的测量

根据被测波形在屏幕坐标刻度上垂直方向所占的大格数(div 或 cm)与电压挡位指示值的乘积,即可算得信号幅值的实测值。

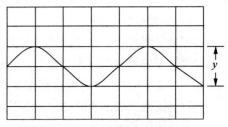

图 2-2-2 电压峰-峰值的测量

如果屏幕上信号波形的峰-峰值为 y div,示波器探头衰减为 10∶1,电压挡位指示值为 0.02 V,则所测电压的峰-峰值为

$$U_{p-p}=0.02 \text{ V/div} \times y \text{ div} \times 10 = 0.2y \text{ V}$$

式中,0.02 V/div 是示波器无衰减时的灵敏度,即每格代表 20 mV;10 为探头的衰减量;y 为被测信号在 Y 轴方向上峰-峰之间的距离,单位为格(div)。

(2) 时间(周期)的测量

测量时间时在 X 轴上读数,量程由 X 轴的扫描速率旋钮(t/div)设定,即屏幕中下方白色 M 值。

① 将被测信号送入 Y 轴,如图 2-2-3 所示,然后测量 P、Q 两点的时间间隔 t。

② 读出 P、Q 两点在 X 轴上的距离为 y div。

③ 记录 t/div 扫描挡位上的指示值,如"N ms/div",然后利用公式 $t = N$ ms/div $\times y$ div $= N \times y$ ms,计算时间间隔。

根据 $f = 1/T$,先按时间的测量方法测出周期,便可求得频率。

(3) 上升时间和下降时间的测量

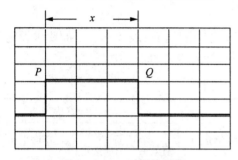

图 2-2-3 时间的测量

图 2-2-4 上升、下降时间的测量

弹出测量菜单后,选择屏幕右侧时间挡对应按钮,切换到上升时间或下降时间,稍等片刻,屏幕上可显示上升时间 t_r、下降时间 t_f,如图 2-2-4 所示。

注意:要开机预热,注意保护屏幕(暂时不用可将辉度调至最暗),必须使用专用探头(一般选择×1 挡)。

四、实验内容与方法

1) 用机内校准信号对示波器进行自检

(1) 测量校准信号波形的幅度、频率

将示波器的校准信号通过专用电缆线引入选定的 Y 通道(CH1 或 CH2),调节 X 轴扫描速率旋钮(t/div)和 Y 轴输入灵敏度旋钮(V/div),使示波器显示屏上显示出稳定的方波波形。(也可直接按"AUTO"按键,稍等片刻,直到出现清晰稳定波形。)

① 校准信号幅度

将 Y 轴输入灵敏度旋钮置于适当位置,读取校准信号幅度,记入表 2-2-1 中。

表 2-2-1 信号幅度

	标准值	实测值
幅度 U_{p-p}/V	0.5	
频率 f/kHz	1	
上升时间/μs	≤40	
下降时间/μs	≤40	

注:不同型号示波器的标准值有所不同,请按所使用示波器将标准值填入表格中。

② 测量校准信号频率

将扫描速率旋钮置于适当位置,读取校准信号周期,计算出校准信号的频率,记入表2-2-1中。

③ 测量校准信号的上升时间和下降时间

弹出测量菜单后,选择屏幕右侧时间挡对应按钮,切换到上升时间或下降时间,稍等片刻,从显示屏上清楚地读出上升时间和下降时间,记入表2-2-1中。

2) 用示波器和交流毫伏表测量信号参数

使用函数信号发生器,输出频率为1 kHz的正弦波,电压值按表2-2-2的要求设定,调节示波器和交流毫伏表的挡位,测量各信号参数值,记入表2-2-2中。

表2-2-2 信号参数测量1

1 kHz正弦波电压	示波器				毫伏表	
	V/div 应选挡位	波形所占 Y轴格数	输入信号 倍率	测量值 U_{p-p}	有效值 U	应选量程	所测电压 的有效值
$U=2$ V							
$U=0.2$ V							
$U=20$ mV							
$U_{p-p}=2$ V							

使用函数信号发生器,输出电压有效值为0.5 V的正弦波,频率值按表2-2-3的要求设定,调节示波器的挡位,测量各信号参数值,记入表2-2-3中。

表2-2-3 信号参数测量2

0.5 V正弦波频率	示波器			
	t/div 位置	周期所占格数	所测周期	所测频率
1 MHz				
50 kHz				
1 kHz				
20 Hz				

五、实验报告要求

1. 记录、整理实验数据,并进行分析。

2. 问题讨论

(1) 如何操纵示波器有关旋钮,以便从示波器显示屏上观察到稳定、清晰的波形?

(2) 函数信号发生器有哪几种输出波形?它的输出端能否短接?如用屏蔽线作为输出

引线,则屏蔽层一端应该接在哪个接线柱上?

（3）交流毫伏表用来测量正弦波电压还是非正弦波电压？它的指示值是被测信号的什么数值？它是否可以用来测量直流电压的大小？

六、实验预习要求

阅读附录三学习函数信号发生器的使用方法。

实验三　单级共射放大电路

一、实验目的

1. 学会放大器静态工作点的调试方法。
2. 掌握放大器电压放大倍数、输入电阻、输出电阻的测试方法。
3. 熟悉常用电子仪器及模拟电路实验设备的使用方法。

二、实验设备与器件

1. 双踪示波器。
2. 函数信号发生器。
3. 交流毫伏表。
4. 万用表。
5. DZX-3型电子学综合实验装置。
6. 3DG6(β=50~100)或9011晶体三极管1个,电阻器、电容器若干。

三、实验原理

图2-3-1为电阻分压式工作点稳定单管放大器实验电路图。它的偏置电路采用R_{B1}和R_{B2}组成的分压电路,并在发射极中接有电阻R_E,以稳定放大器的静态工作点。当在放大器的输入端加入输入信号u_i后,在放大器的输出端便可得到一个与u_i相位相反、幅值被放大了的输出信号u_o,从而实现了电压放大。

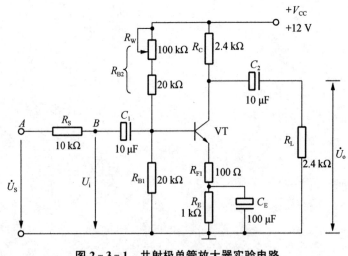

图2-3-1　共射极单管放大器实验电路

在图 2-3-1 所示电路中,当流过偏置电阻 R_{B1} 和 R_{B2} 的电流远大于晶体管 VT 的基极电流 I_B 时(一般为 5~10 倍),则它的静态工作点可用下式估算:

$$U_B \approx \frac{R_{B1}}{R_{B1}+R_{B2}}V_{CC}$$

$$I_E \approx \frac{U_B-U_{BE}}{R_E} \approx I_C \quad U_{CE}=V_{CC}-I_C(R_C+R_E)$$

电压放大倍数

$$A_v=-\beta\frac{R_C/\!/R_L}{R_{be}+(1+\beta)R_{F1}}$$

输入电阻

$$R_i=R_{B1}/\!/R_{B2}/\!/[r_{be}+(1+\beta)R_{F1}]$$

输出电阻

$$R_o \approx R_C$$

由于电子器件性能的分散性比较大,因此在设计和制作晶体管放大电路时,离不开测量和调试技术。在设计前应测量所用元器件的参数,为电路设计提供必要的依据,在完成设计和装配以后,还必须测量和调试放大器的静态工作点和各项性能指标。一个优质放大器必定是理论设计与实验调整相结合的产物,因此除了学习放大器的理论知识和设计方法外,还必须掌握必要的测量和调试技术。

放大器的测量和调试一般包括:放大器静态工作点的测量和调试,消除干扰与自激振荡,以及放大器各项动态参数的测量和调试等。

1) 放大器静态工作点的测量

放大器静态工作点的测量应在输入信号 $u_i=0$ 的情况下进行,即将放大器输入端与地端短接,然后选用量程合适的直流毫安表和直流电压表,分别测量晶体管的集电极电流 I_C 以及各电极对地的电位 U_B、U_C 和 U_E。一般实验中,为了避免断开集电极,所以采用先测量电压 U_C 或 U_E,然后算出 I_C 的方法。例如,只要测出 U_C,即可用 $I_C=\frac{V_{CC}-U_C}{R_C}$ 算出 I_C(也可根据 $I_C \approx I_E=\frac{U_E}{R_E}$,由 U_E 确定 I_C),同时也能算出 $U_{BE}=U_B-U_E$,$U_{CE}=U_C-U_E$。

注意:为了减小误差,提高测量精度,应选用内阻较高的直流电压表。

2) 放大器动态指标测试

放大器动态指标包括电压放大倍数、输入电阻、输出电阻等。

(1) 电压放大倍数 A_v 的测量

调整放大器到合适的静态工作点,然后加入输入电压 u_i,在输出电压 u_o 波形不失真的情况下,用交流毫伏表测出 u_i 和 u_o 的有效值 U_i 和 U_o,则

$$A_v=\frac{U_o}{U_i}$$

(2) 输入电阻 R_i 的测量

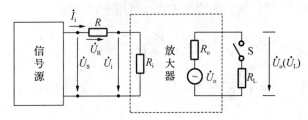

图 2-3-2 输入、输出电阻测量电路

为了测量放大器的输入电阻,按图 2-3-4 所示电路在被测放大器的输入端与信号源之间串入一已知电阻 R,在放大器正常工作的情况下,用交流毫伏表测出 U_S 和 U_i,则根据输入电阻的定义可得

$$R_i = \frac{U_i}{I_i} = \frac{U_i}{\frac{U_R}{R}} = \frac{U_i}{U_S - U_i} R$$

测量时应注意下列几点:

① 由于电阻 R 两端没有电路公共接地点,所以测量 R 两端电压 U_R 时必须分别测出 U_S 和 U_i,然后按 $U_R = U_S - U_i$ 求出 U_R。

② 电阻 R 的值不宜取得过大或过小,以免产生较大的测量误差,通常取 R 与 R_i 为同一数量级为好,本实验取 $R = 10 \text{ k}\Omega$。

(3) 输出电阻 R_o 的测量

按图 2-3-2 所示电路,在放大器正常工作条件下,测出输出端不接负载 R_L 的输出电压 U_o 和接入负载后的输出电压 U_L,根据

$$U_L = \frac{R_L}{R_o + R_L} U_o$$

即可求出

$$R_o = \left(\frac{U_o}{U_L} - 1\right) R_L$$

在测试中应注意,必须保持 R_L 接入前后输入信号的大小不变。

四、实验内容与方法

实验电路如图 2-3-1 所示。各电子仪器可按图 2-3-1 所示方式连接,为防止干扰,各仪器的公共端必须连在一起,同时信号源、交流毫伏表和示波器的引线应采用专用电缆线或屏蔽线,若使用屏蔽线,则屏蔽线的外包金属网应接在公共接地端上。

1) 调试静态工作点

接通直流电源前,先将函数信号发生器输出旋钮旋至零(断开交流信号源)。接通 +12 V 电源并调节 R_W,使 $I_C = 2.0 \text{ mA}$(即 $U_C = 7.2 \text{ V}$ 或 $U_E = 2.2 \text{ V}$),用直流电压表测量

U_B、U_E、U_C 的值,用万用表测量 R_{B2} 的值,并记入表 2-3-1 中。

表 2-3-1　I_C=2 mA

测量值				计算值		
U_B/V	U_E/V	U_C/V	R_{B2}/kΩ	U_{BE}/V	U_{CE}/V	I_C/mA

2) 测量电压放大倍数

在放大器输入端加入频率为 1 kHz 的正弦信号 u_S,调节函数信号发生器的输出旋钮使放大器输入电压 U_i≈10 mV,同时用双踪示波器观察放大器输出电压 u_o 的波形,在波形不失真的条件下用交流毫伏表测量下述三种情况下的 U_o 值,并用双踪示波器观察 u_o 和 u_i 的相位关系,记入表 2-3-2 中。

表 2-3-2　I_C=2.0 mA　　U_i=mV

R_C/kΩ	R_L/kΩ	U_o/V	A_v	观察记录一组 u_o 和 u_i 波形
2.4	∞			
1.2	∞			
2.4	2.4			

3) 测量输入电阻和输出电阻

置 R_C=2.4 kΩ,R_L=2.4 kΩ,I_C=2.0 mA。输入 f=1 kHz 的正弦信号,在输出电压 u_o 波形不失真的情况下,用交流毫伏表测出 U_S、U_i 和 U_L,并记入表 2-3-3 中。

表 2-3-3　I_C=2 mA　　　R_C=2.4 kΩ　　　R_L=2.4 kΩ

U_S/mV	U_i/mV	R_i/kΩ		U_L/V	U_o/V	R_o/kΩ	
		测量值	计算值			测量值	计算值

保持 U_S 不变,断开 R_L,测量输出电压 U_o,并记入表 2-3-3 中。

五、实验报告要求

1. 列表整理测量结果,并把实测的静态工作点、电压放大倍数、输入电阻、输出电阻之值与理论计算值相比较(取一组数据进行比较),分析误差产生原因。

2. 总结 R_C、R_L 对放大器电压放大倍数、输入电阻、输出电阻的影响。

3. 分析讨论在调试过程中出现的问题。

六、实验预习要求

1. 阅读教材中有关单管放大电路的内容并估算实验电路的性能指标。

假设:3DG6 的 $\beta=100$,$R_{B1}=20$ kΩ,$R_{B2}=60$ kΩ,$R_C=2.4$ kΩ,$R_L=2.4$ kΩ。

估算放大器的静态工作点,电压放大倍数 A_v、输入电阻 R_i 和输出电阻 R_o。

2. 阅读第一部分第四章中有关消除放大器干扰和自激振荡的内容。

3. 能否用直流电压表直接测量晶体管的 U_{BE}?为什么实验中要采用先测出 U_B、U_E,再间接算出 U_{BE} 的方法?

4. 怎样测量 R_{B2} 的阻值?

实验四　放大器的测量和调试

一、实验目的

1. 学会放大器静态工作点的调试方法,分析静态工作点对放大器性能的影响。
2. 掌握放大器最大不失真输出电压的测试方法。
3. 学习测量幅频特性曲线。

二、实验设备与器件

1. 双踪示波器。
2. 函数信号发生器。
3. 交流毫伏表。
4. 万用表。
5. DZX-3型电子学综合实验装置。
6. 3DG61(β=50~100)或9011晶体三极管1个,电阻器、电容器若干。

三、实验原理

放大器的测量和调试一般包括:放大器静态工作点的测量和调试,消除干扰与自激振荡,以及放大器各项动态参数的测量和调试等。

1) 放大器静态工作点的测量和调试

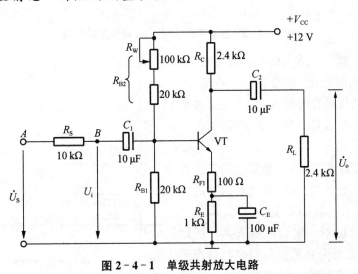

图 2-4-1　单级共射放大电路

(1) 静态工作点的测量

放大器静态工作点的测量应在输入信号 $u_i=0$ 的情况下进行,即将放大器输入端与地端短接,然后选用量程合适的直流毫安表和直流电压表,分别测量晶体管的集电极电流 I_C 以及各电极对地的电位 U_B、U_C 和 U_E。一般实验中,为了避免断开集电极,所以采用先测量电压 U_C 或 U_E,然后算出 I_C 的方法。例如,只要测出 U_C,即可用 $I_C = \dfrac{V_{CC} - U_C}{R_C}$ 算出 I_C(也可根据 $I_C \approx I_E = \dfrac{U_E}{R_E}$,由 U_E 确定 I_C),同时也能算出 $U_{BE} = U_B - U_E$,$U_{CE} = U_C - U_E$。

注意:为了减小误差,提高测量精度,应选用内阻较高的直流电压表。

(2) 静态工作点的调试

放大器静态工作点的调试是指对管子集电极电流 I_C(或 U_{CE})的调整与测试。

静态工作点是否合适对放大器的性能和输出波形都有很大影响。若工作点偏高,放大器在加入交流信号以后易产生饱和失真,此时 u_o 的负半周将被削底(注意输出波形和输入波形的倒相关系),如图 2-4-2(a)所示;若工作点偏低,则易产生截止失真,即 u_o 的正半周被缩顶(一般截止失真不如饱和失真明显,应仔细观察波形是否上下对称),如图 2-4-2(b)所示。这些情况都不符合不失真放大的要求。所以在选定静态工作点以后还必须进行动态调试,即在放大器的输入端加入一定的输入电压 u_i,检查输出电压 u_o 的大小和波形是否满足要求。如不满足,则应调节静态工作点的位置。

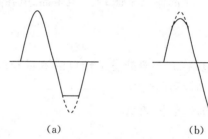

(a)   (b)

图 2-4-2 静态工作点对 u_o 波形失真的影响

改变电路参数 V_{CC}、R_C、R_B(R_{B1}、R_{B2})都会引起静态工作点的变化,如图 2-4-3 所示。但通常多采用调节偏置电阻 R_{B2} 的方法来改变静态工作点,如减小 R_{B2},则可使静态工作点提高。

最后还需要说明的是,上面所说的工作点偏高或偏低不是绝对的,应该是相对信号的幅度而言,如果输入信号幅度很小,那么即使工作点较高或较低也不一定会出现失真。所以确切地说,产生波形失真是信号幅度与静态工作点设置配合不当所致。如需满足较大信号幅度的要求,静态工作点最好尽量靠近交流负载线的中点。

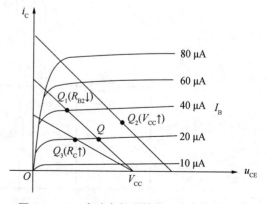

图 2-4-3 电路参数对静态工作点的影响

2) 放大器动态指标的测量

放大器动态指标包括最大不失真输出电压(最大动态范围)和通频带等。

(1) 最大不失真输出电压 $U_{\text{op-p}}$(最大动态范围)的测量

如上所述,为了得到最大动态范围,应将静态工作点调在交流负载线的中点。为此应在放大器正常工作情况下,逐步增大输入信号的幅度,同时调节 R_W(改变静态工作点),用示波器观察 u_o,当输出波形同时出现削底和缩顶现象(如图 2-4-4)时,说明静态工作点已调在交流负载线的中点。然后反复调整输入信号,使波形输出幅度最大且无明显失真时,用交流毫伏表测出 U_o(有效值),则动态范围等于 $2\sqrt{2}U_o$。也可以用示波器直接读出 $U_{\text{op-p}}$ 值。

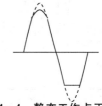

图 2-4-4 静态工作点正常,输入信号太大引起的失真

(2) 放大器幅频特性的测量

放大器的幅频特性是指放大器的电压放大倍数 A_v 与输入信号频率 f 之间的关系曲线。单管阻容耦合放大电路的幅频特性曲线如图 2-4-5 所示,A_{vm} 为中频电压放大倍数,通常规定电压放大倍数随频率变化下降到中频放大倍数的 $1/\sqrt{2}$ 倍,即 $0.707A_{vm}$ 所对应的频率分别称为下限频率 f_L 和上限频率 f_H,则通频带 $f_{BW}=f_H-f_L$。

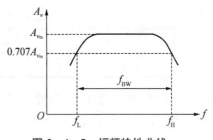

图 2-4-5 幅频特性曲线

放大器的幅率特性测量就是测量不同频率信号时的电压放大倍数 A_v。为此,可采用前述测 A_v 的方法,每改变一个信号频率,就测量其相应的电压放大倍数,测量时应注意取点恰当,在低频段与高频段应多测几个点,在中频段可以少测几个点。此外,在改变频率时,要保持输入信号的幅度不变,且输出波形不得失真。

3) 放大器干扰和自激振荡的消除

参考第一部分第四章中有关消除放大器干扰和自激振荡的内容。

四、实验内容与方法

1) 观察静态工作点对输出波形失真的影响

置 $R_C=2.4\ \text{k}\Omega$,$R_L=2.4\ \text{k}\Omega$,$u_i=0$;调节 R_W,使 $I_C=2.0\ \text{mA}$,测出 U_{CE} 值,再逐步加大输入信号,使输出电压 u_o 足够大但波形不失真。然后保持输入信号不变,分别增大和减小 R_W,使波形出现失真,绘出 u_o 的波形,并测出失真情况下的 I_C 和 U_{CE} 值,记入表 2-4-1 中。每次测 I_C 和 U_{CE} 值时都要将信号源的输出旋钮旋至零(断开交流信号源)。

表 2-4-1　　$R_C=2.4\text{ k}\Omega$　　$R_L=2.4\text{ k}\Omega$　　$U_i=$ _____ mV

I_C/mA	U_{CE}/V	u_o 波形	失真情况	管子工作状态
2.0				

2) 测量最大不失真输出电压

置 $R_C=2.4\text{ k}\Omega$, $R_L=2.4\text{ k}\Omega$，按照实验原理中所述方法，同时调节输入信号的幅度和电位器 R_W，用示波器和交流毫伏表测量 U_{opp} 及 U_o 值，并记入表 2-4-2 中。

表 2-4-2　　$R_C=2.4\text{ k}\Omega$　　$R_L=2.4\text{ k}\Omega$

I_C/mA	U_{im}/mV	U_{om}/V	U_{opp}/V

3) 观察静态工作点对电压放大倍数的影响

置 $R_C=2.4\text{ k}\Omega$, $R_L=\infty$, U_i 适量，调节 R_W，用示波器监视输出电压波形，在 u_o 波形不失真的条件下，测量数组 I_C 和 U_o 值，并记入表 2-4-3 中。

表 2-4-3　　$R_C=2.4\text{ k}\Omega$　　$R_L=\infty$　　$U_i=$ _____ mV

U_C/V					
I_C/mA	1.0	1.5	2.0	2.5	3.0
U_o/V					
A_v					

测量 I_C 时，要先将信号源输出旋钮旋至零（断开交流信号源）。

4) 测量幅频特性曲线

置 $I_C=2.0\text{ mA}$, $R_C=2.4\text{ k}\Omega$, $R_L=2.4\text{ k}\Omega$。保持输入信号 u_i 的幅度不变，改变信号源频率 f，逐点测出相应的输出电压 U_o，并记入表 2-4-4 中。

表 2-4-4　　$U_i=$ _____ mV

	f_l	f_o	f_n
f/kHz			
U_o/V			
$A_v=U_o/U_i$			

为了使信号源频率 f 取值合适，可先粗测一下，找出中频范围，再仔细读数。

五、实验报告要求

1. 列表整理测量结果,并把实测值与理论计算值比较(取一组数据进行比较),分析产生误差的原因。
2. 总结静态工作点对放大器的影响。
3. 分析讨论在调试过程中出现的问题。

六、思考题

1. 当调节偏置电阻 R_{B2},使放大器输出波形出现饱和或截止失真时,晶体管的管压降 U_{CE} 怎样变化?
2. 改变静态工作点对放大器的输入电阻 R_i 是否有影响?改变外接电阻 R_L 对输出电阻 R_o 是否有影响?
3. 在测试 A_v、R_i 和 R_o 时应怎样选择输入信号的大小和频率?为什么信号频率一般选 1 kHz,而不选 100 kHz 或更高?
4. 测试中,如果将函数信号发生器、交流毫伏表、示波器中任一仪器的两个测试端子接线换位(即各仪器的接地端不再连在一起),将会出现什么问题?

注:为了克服三极管极间电容引起自激振荡,实际电路在三极管的基极和集电极之间接有中和电容(电路背面)。

实验五　射极跟随器

一、实验目的

1. 掌握射极跟随器的特性及测试方法。
2. 进一步学习放大器各项参数的测试方法。

二、实验设备与器件

1. 双踪示波器。
2. 函数信号发生器。
3. 交流毫伏表。
4. DZX-3 型电子学综合实验装置。
5. 3DG12(β=50～100) 或 9013 晶体三极管 1 个,电阻器、电容器若干。

三、实验原理

射极跟随器的原理图如图 2-5-1 所示。它是一个电压串联负反馈放大电路,具有输入电阻高,输出电阻低,电压放大倍数接近于 1,输出电压能够在较大范围内跟随输入电压作线性变化以及输入、输出信号同相等特点。

射极跟随器的输出取自发射极,故称其为射极输出器。

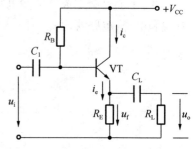

图 2-5-1　射极跟随器原理图

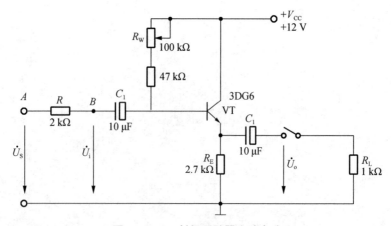

图 2-5-2　射极跟随器实验电路

1) 输入电阻 R_i

$$R_i = r_{be} + (1+\beta)R_E$$

如考虑偏置电阻 R_B 和负载 R_L 的影响,则

$$R_i = R_B // [r_{be} + (1+\beta)(R_E // R_L)]$$

由上式可知射极跟随器的输入电阻 R_i 比共射极单管放大器的输入电阻 $R_i = R_B // r_{be}$ 要高得多,但由于偏置电阻 R_B 的分流作用,输入电阻难以进一步提高。

输入电阻的测试方法同单管放大器,实验电路如图 2-5-2 所示。

$$R_i = \frac{U_i}{I_i} = \frac{U_i}{U_S - U_i} R$$

即只要测得 A、B 两点的对地电位即可计算出 R_i。

2) 输出电阻 R_o

在图 2-5-2 所示电路中

$$R_o = \frac{r_{be}}{\beta} // R_E \approx \frac{r_{be}}{\beta}$$

如考虑信号源内阻 R_S,则

$$R_o = \frac{r_{be} + (R_S // R_B)}{\beta} // R_E \approx \frac{r_{be} + (R_S // R_B)}{\beta}$$

由上式可知射极跟随器的输出电阻 R_o 比共射极单管放大器的输出电阻 $R_o \approx R_C$ 低得多。三极管的 β 值愈高,输出电阻愈小。

输出电阻 R_o 的测试方法亦同单管放大器,即先测出空载输出电压 U_o,再测接入负载 R_L 后的输出电压 U_L,根据

$$U_L = \frac{R_L}{R_o + R_L} U_o$$

即可求出 R_o。

$$R_o = \left(\frac{U_o}{U_L} - 1\right) R_L$$

3) 电压放大倍数

在图 2-5-2 所示电路中,电压放大倍数

$$A_v = \frac{(1+\beta)(R_E // R_L)}{r_{be} + (1+\beta)(R_E // R_L)} \leq 1$$

上式说明射极跟随器的电压放大倍数小于等于 1,且为正值。这是深度电压负反馈的结果。但它的射极电流仍比基极电流大 $(1+\beta)$ 倍,所以它具有一定的电流和功率放大作用。

4) 电压跟随范围

电压跟随范围指射极跟随器输出电压 u_o 跟随输入电压 u_i 做线性变化的区域。当 u_i 超过一定范围时,u_o 便不能跟随 u_i 作线性变化,即 u_o 波形产生了失真。为了使输出电压 u_o 正、负半周对称,并充分利用电压跟随范围,静态工作点应选在交流负载线中点,测量时可直接用示波器读取 u_o 的峰-峰值,即电压跟随范围;或用交流毫伏表读取 u_o 的有效值,则电压跟随范围

$$U_{opp}=2\sqrt{2}U_o$$

四、实验内容与方法

按图 2-5-2 连接电路。

1) 调整静态工作点

接通 +12 V 直流电源,在 B 点加入 $f=1$ kHz 的正弦信号 u_i,输出端用示波器监视输出波形,反复调整 R_W 及信号源的输出幅度,使其在示波器的屏幕上得到一个最大不失真输出波形,然后置 $u_i=0$(断开交流信号源),用直流电压表测量晶体管各电极对地电位,将测得的数据记入表 2-5-1。

表 2-5-1 静态工作点调整

U_E/V	U_B/V	U_C/V	I_E/mA

在接下来的整个测试过程中应保持 R_W 值不变(即保持静工作点 I_E 不变)。

2) 测量电压放大倍数 A_v

接入负载 $R_L=1$ kΩ,在 B 点加入 $f=1$ kHz 的正弦信号 u_i,调节输入信号幅度,用示波器监视输出波形 u_o,在输出波形最大不失真的情况下,用交流毫伏表测 U_i、U_L 值,并记入表 2-5-2 中。

表 2-5-2 电压放大倍数测量

U_i/V	U_L/V	A_v

3) 测量输出电阻 R_o

接入负载 $R_L=1$ kΩ,在 B 点加入 $f=1$ kHz 的正弦信号 u_i,用示波器监视输出波形,测量空载输出电压 U_o、有负载时输出电压 U_L,并记入表 2-5-3 中。

表 2-5-3 输出电阻测量

U_o/V	U_L/V	R_o/kΩ

4) 测量输入电阻 R_i

在 A 点加入 $f=1$ kHz 的正弦信号 u_S,用示波器监视输出波形,用交流毫伏表分别测出 A、B 点的对地电位 U_S、U_i,并记入表 2-5-4 中。

表 2-5-4 输入电阻测量

U_S/V	U_i/V	R_i/kΩ

5) 测试跟随特性

接入负载 $R_L=1$ kΩ,在 B 点加入 $f=1$ kHz 的正弦信号 u_i,逐渐增大信号 u_i 幅度,用示波器监视输出波形直至输出波形达到最大不失真,测量对应的 U_L 值,并记入表 2-5-5 中。

表 2-5-5 电压跟随特性测试

U_i/V	0.2	0.4	0.6	0.8	1.0	1.2	1.4	1.6	1.8	2.0
U_L/V										

6) 测试频率响应特性

保持输入信号 u_i 幅度不变,改变信号源频率,用示波器监视输出波形,用交流毫伏表测量不同频率下的输出电压 U_L 值,并记入表 2-5-6 中。

表 2-5-6 频率响应特性测试

f/kHz	
U_L/V	

五、实验报告要求

1. 整理实验数据,并画出曲线 $U_L=f(U_i)$ 及 $U_L=f(f)$。
2. 分析射极跟随器的性能和特点。

附:采用自举电路的射极跟随器

在一些电子测量仪器中,为了减轻仪器对信号源所取用的电流,以提高测量精度,通常采用如图 2-5-3 所示带有自举电路的射极跟随器,以提高偏置电路的等效电阻,从而保证射极跟随器有足够高的输入电阻。

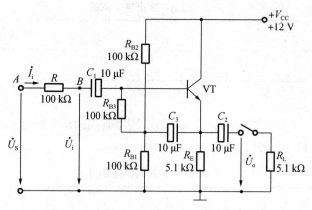

图 2-5-3 有自举电路的射极跟随器原理图

六、实验预习要求

1. 复习射极跟随器的工作原理。
2. 根据图 2-5-2 所示电路的元件参数值估算静态工作点,并画出交流、直流负载线。

实验六 OTL 功率放大器

一、实验目的

1. 进一步理解 OTL 功率放大器的工作原理。
2. 学会 OTL 电路的调试及主要性能指标的测试方法。

二、实验设备与器件

1. 双踪示波器。
2. 函数信号发生器。
3. 交流毫伏表。
4. DZX-3 型电子学综合实验装置。
5. 3DG6(或 9011)、3DG12(或 9013)、3CG12(或 9012)晶体三极管各 1 个,IN4007 晶体二极管 1 个,8 Ω 扬声器,电阻器、电容器若干。

三、实验原理

在实际应用中,往往需要放大电路的输出级能带动一定负载,例如驱动自动控制系统中的执行机构或驱动扩音机的扬声器等。因此,必须使放大电路有足够的输出功率,即不仅要有足够的电压输出,而且要有足够的电流输出。现在,很少采用笨重的变压器输出方式,一般多采用 OTL 和 OCL 等输出方式。OTL 指无输出变压器的功率放大电路。OCL 指双电源无电容输出的功率放大电路。

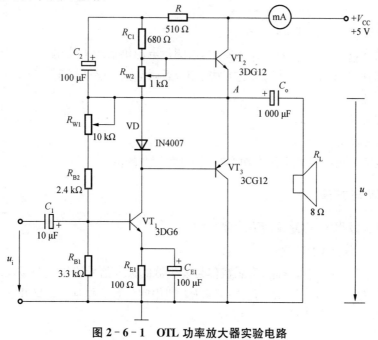

图 2-6-1 OTL 功率放大器实验电路

如图 2-6-1 所示为 OTL 低频功率放大器实验电路,其中由晶体三极管 VT_1 组成推动级(也称前置放大级);VT_2、VT_3 是一对参数对称的 NPN 和 PNP 型晶体三极管,它们组成互补推挽 OTL 功放电路。由于每一个管子都接成射极输出器形式,因此具有输出电阻低、负载能力强等优点,适合用作功率输出级。VT_1 管工作于甲类状态,它的集电极电流 I_{C1} 由电位器 R_{W1} 进行调节。I_{C1} 的一部分流经电位器 R_{W2} 及二极管 VD,给 VT_2、VT_3 提供偏压。调节 R_{W2} 可以使 VT_2、VT_3 得到合适的静态电流而工作于甲、乙类状态,以克服交越失真。静态时要求输出端中点 A 的电位 $U_A = \frac{1}{2} V_{CC}$,可以通过调节 R_{W1} 来实现,又由于 R_{W1} 的一端接在 A 点,因此在电路中引入交、直流电压并联负反馈,一方面能够稳定放大器的静态工作点,另一方面也改善了非线性失真。

当输入正弦交流信号 u_i 时,经 VT_1 放大、倒相后同时作用于 VT_2、VT_3 的基极,u_i 的负半周使 VT_2 管导通(VT_3 管截止),有电流通过负载 R_L,同时向电容 C_o 充电;在 u_i 的正半周,VT_3 导通(VT_2 截止),则已充好电的电容器 C_o 起着电源的作用,通过负载 R_L 放电,这样在 R_L 上就得到完整的正弦波。

C_2 和 R 构成自举电路,用于提高输出电压正半周的幅度,以得到大的动态范围。

OTL 电路的主要性能指标如下:

(1) 最大不失真输出功率 P_{om}

理想情况下,$P_{om} = \frac{1}{8} \frac{V_{CC}^2}{R_L}$,在实验中可通过测量 R_L 两端的电压有效值来求得实际的 P_{om},即 $P_{om} = \frac{U_o^2}{R_L}$。

(2) 效率 η

$$\eta = \frac{P_{om}}{P_E} \times 100\%$$

式中,P_E 为直流电源供给的平均功率。

理想情况下,$\eta_{max} = 78.5\%$。在实验中,可测量电源供给的平均电流 I_{dC},从而求得 $P_E = U_{CC} \cdot I_{dC}$,负载上的交流功率已用上述方法求出,因而也就可以计算实际效率了。

(3) 频率响应

详见前文实验五有关部分内容。

(4) 输入灵敏度

输入灵敏度指输出最大不失真功率时输入信号 U_i 的值。

四、实验内容与方法

在整个实验过程中,电路不应有自激现象。

1) 静态工作点的测量

按图 2-6-1 连接实验电路,将函数信号发生器的输入信号旋钮旋至零($u_i = 0$),电源进线中串入直流毫安表,电位器 R_{W2} 置最小值,R_{W1} 置中间位置。接通+5 V 电源,观察直流毫安表的指示,同时用手触摸输出级管子,若电流过大或管子温升显著,应立即断开电源并检查原因(如 R_{W2} 开路、电路自激或输出管性能不好等)。如无异常现象,可开始调试。

(1) 调节输出端中点电位 U_A

调节电位器 R_{W1},用直流电压表测量 A 点电位,使 $U_A=\frac{1}{2}V_{CC}$。

由于实际使用的直流电流表有电阻存在,所以取 $U_A=\frac{1}{2}V_{CC}$ 更为妥当。

(2) 调整输出级静态电流并测量各级静态工作点

调节 R_{W2},使 VT_2、VT_3 管的静态电流为 $I_{C2}=I_{C3}=5\sim 10$ mA。从减小交越失真角度而言,应适当加大输出级静态电流,但该电流过大,会使效率降低,所以一般以 $5\sim 10$ mA 左右为宜。由于毫安表是串接在电源进线中,因此测得的是整个放大器的电流,但一般 VT_1 的集电极电流 I_{C1} 较小,从而可以把测得的总电流近似当作末级的静态电流。如要准确得到末级静态电流,则可从总电流中减去 I_{C1} 的值。

调整输出级静态电流的另一种方法是动态调试法。先使 $R_{W2}=0$,在输入端接入 $f=1$ kHz 的正弦信号 u_i。逐渐加大输入信号的幅值,此时,输出波形应出现较严重的交越失真(注意:没有饱和失真和截止失真),然后缓慢增大 R_{W2},当交越失真刚好消失时,停止调节 R_{W2},恢复 $u_i=0$,此时直流毫安表读数即为输出级静态电流。输出级静态电流一般也应在 $5\sim 10$ mA 左右,如果过大,则要检查电路。

输出级电流调整好以后,测量各级静态工作点,并记入表 2-6-1 中。

表 2-6-1　$I_{C2}=I_{C3}=$＿＿mA　　$U_A=$＿＿V

	VT_1	VT_2	VT_3
U_B/V			
U_C/V			
U_E/V			

注意:

① 在调整 R_{W2} 时,要注意旋转方向,不要调得过大,更不能开路,以免损坏输出管。

② 输出管静态电流调整好后,如果无特殊情况,不得随意旋动 R_{W2} 的位置。

2) 最大输出功率 P_{om} 和效率 η 的测量

(1) 测量 P_{om}

输入端接 $f=1$ kHz 的正弦信号 u_i,输出端用示波器观察输出电压 u_o 波形。逐渐增大 u_i,使输出电压波形达到最大不失真,用交流毫伏表测出负载 R_L 上的电压 U_{om},则 $P_{om}=\frac{U_{om}^2}{R_L}$。

(2) 测量 η

当输出电压为最大不失真输出时,读出直流毫安表中的电流值,即为直流电源供给的平均电流 I_{dc}(有一定误差),由此可近似求得 $P_E=V_{CC}I_{dc}$,再根据上面测得的 P_{om},即可求出 η

$$= \frac{P_{om}}{P_E} \times 100\%。$$

3）输入灵敏度的测试

根据输入灵敏度的定义，只要测出输出功率 $P_o = P_{om}$ 时的输入电压 U_i 即可。

表 2-6-2　输入灵敏度的测试

R_L	U_{om}	P_{om}	U_{CC}	I_{dC}	P_E	η	U_i

4）频率响应的测试

测试方法同前文实验五，将测得的数据记入表 2-6-3 中。

在测试时，为保证电路的安全，应在较低电压下进行，通常取输入信号为输入灵敏度的 50％。在整个测试过程中，应保持 U_i 为恒定值，且输出波形不得失真。

表 2-6-3　　　$U_i =$ _____ mV

	f_L	f_0	f_H
f/Hz			
U_o/V			
A_v			

＊5）研究自举电路的作用

（1）测量有自举电路且 $P_o = P_{omax}$ 时的电压增益 $A_v = \frac{U_{om}}{U_i}$。

（2）将 C_2 开路，R 短路（无自举），再测量 $P_o = P_{omax}$ 时的 A_v。

用示波器观察（1）、（2）两种情况下的输出电压波形，并将以上两项测量结果进行比较，分析研究自举电路的作用。

（注：＊表示选讲内容）

＊6）噪声电压的测试

测量时将输入端短路（$u_i = 0$），观察输出噪声波形，并用交流毫伏表测量输出电压，即为噪声电压 U_N。本电路若 $U_N < 15$ mV，即满足要求。

＊7）试听

输入信号改为录音机输出，输出端接试听音箱及示波器。开机试听，并观察语言和音乐信号的输出波形。

五、实验报告要求

1. 列表整理实验数据，计算静态工作点、最大不失真输出功率 P_{om}、效率 η 等，并与理论值进行比较，画出频率响应曲线。

2. 分析自举电路的作用。

3. 讨论实验中发生的问题及解决办法。

六、实验预习要求

1. 复习教材中有关 OTL 工作原理的内容。
2. 为什么引入自举电路能够扩大输出电压的动态范围?
3. 交越失真产生的原因是什么?怎样克服交越失真?
4. 电路中电位器 R_{W2} 如果开路或短路,对电路工作有何影响?
5. 为了不损坏输出管,调试中应注意什么问题?
6. 如电路有自激现象,应如何消除?

实验七 差动放大器

一、实验目的

1. 加深对差动放大器性能及特点的理解。
2. 学习差动放大器主要性能指标的测试方法。

二、实验设备与器件

1. 双踪示波器。
2. 函数信号发生器。
3. 交流毫伏表。
4. DZX-3型电子学综合实验装置。
5. 3DG6或9011晶体三极管3个(要求VT_1、VT_2管的特性参数一致),电阻器、电容器若干。

三、实验原理

差动放大电路是直接耦合放大电路的一种较好的形式,不仅可放大交流信号,而且可以放大缓慢变化的信号和直流信号。它通过增加一个对称的三极管以及电路的对称性抑制零漂,同时用长尾电路的R_E或恒流源三极管来减小每管的零漂,从而提高放大电路的共模抑制比。

差动放大电路有四种工作方式:单端输入,单端输出;单端输入,双端输出;双端输入,单端输出;双端输入,双端输出。图2-7-1是差动放大器的基本结构,它由两个元件参数相同的基本共射放大电路组成。当开关S拨向左边时,构成典型的差动放大器。调零电位器R_P用来调节VT_1、VT_2管的静态工作点,使得输入信号$U_i=0$时,双端输出电压$U_o=0$。R_E为两管共用的发射极电阻,它对差模信号无负反馈作用,因而不影响差模电压放大倍数,但对共模信号有较强的负反馈作用,故可以有效地抑制零漂,稳定静态工作点。

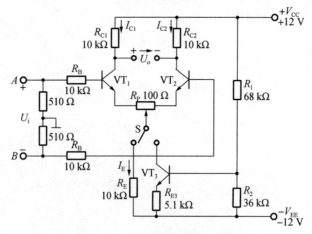

图2-7-1 差动放大器实验电路

当开关 S 拨向右边时,构成具有恒流源的差动放大器。它用晶体管恒流源代替发射极电阻 R_E,可以进一步提高差动放大器抑制共模信号的能力。

1) 静态工作点的估算

典型电路

$$I_E \approx \frac{|U_{EE}| - U_{BE}}{R_E} \quad (认为 U_{B1} = U_{B2} \approx 0)$$

$$I_{C1} = I_{C2} = \frac{1}{2} I_E$$

恒流源电路

$$I_{C3} \approx I_{E3} \approx \frac{\frac{R_2}{R_1 + R_2}(V_{CC} + |V_{EE}|) - U_{BE}}{R_{E3}}$$

$$I_{C1} = I_{C2} = \frac{1}{2} I_{C3}$$

2) 差模电压放大倍数和共模电压放大倍数

当差动放大器的射极电阻 R_E 足够大或采用恒流源电路时,差模电压放大倍数 A_d 由输出方式决定,而与输入方式无关。

双端输出时,$R_E = \infty$,R_P 在中心位置,则有

$$A_d = \frac{\Delta U_o}{\Delta U_i} = -\frac{\beta R_C}{R_B + r_{be} + \frac{1}{2}(1+\beta)R_P}$$

单端输出时,有

$$A_{d1} = \frac{\Delta U_{C1}}{\Delta U_i} = \frac{1}{2} A_d$$

$$A_{d2} = \frac{\Delta U_{C2}}{\Delta U_i} = -\frac{1}{2} A_d$$

当输入共模信号时,若为单端输出,则有

$$A_{c1} = A_{c2} = \frac{\Delta U_{C1}}{\Delta U_i} = \frac{-\beta R_C}{R_B + r_{be} + (1+\beta)\left(\frac{1}{2}R_P + 2R_E\right)} \approx -\frac{R_C}{2R_E}$$

若为双端输出,在理想情况下,有

$$A_c = \frac{\Delta U_o}{\Delta U_i} = 0$$

实际上由于元件不可能完全对称,因此 A_c 也不会绝对等于零。

3) 共模抑制比 CMRR

为了表征差动放大器对有用信号(差模信号)的放大作用和对共模信号的抑制能力,通常用一个综合指标来衡量,即共模抑制比

$$CMRR = \left|\frac{A_d}{A_c}\right| \quad 或 \quad CMRR = 20\log\left|\frac{A_d}{A_c}\right| \text{ (dB)}$$

差动放大器的输入信号既可采用直流信号也可采用交流信号。本实验由函数信号发生器提供频率 $f=1$ kHz 的正弦信号作为输入信号。

四、实验内容与方法

1) 典型差动放大器的性能测试

按图 2-7-1 连接实验电路,开关 S 拨向左边,构成典型差动放大器。

(1) 测量静态工作点

① 调节放大器零点

信号源不接入。将放大器输入端 A、B 与地短接,接通 ± 12 V 直流电源,用直流电压表测量输出电压 U_o,调节调零电位器 R_P,使 $U_o=0$。调节要仔细,力求准确。

② 测量静态工作点

零点调好以后,用直流电压表测量 VT_1、VT_2 管各电极电位及射极电阻 R_E 两端电压 U_{RE},并记入表 2-7-1。

表 2-7-1 静态工作点的测量

测量值	U_{C1}/V	U_{B1}/V	U_{E1}/V	U_{C2}/V	U_{B2}/V	U_{E2}/V	U_{RE}/V
计算值	I_C/mA		I_B/mA			U_{CE}/V	

(2) 测量差模电压放大倍数

断开直流电源,将函数信号发生器的输出端接放大器输入 A 端,地端接放大器输入 B 端,构成双端输入方式。调节输入信号为频率 $f=1$ kHz 的正弦信号,并使输出旋钮旋至零,用示波器监视输出端(集电极 C_1 或 C_2 与地之间)。

接通 ± 12 V 直流电源,逐渐增大输入电压 U_i(约 100 mV),在输出波形无失真的情况下,用交流毫伏表测 U_i、U_{C1}、U_{C2},记入表 2-7-2 中,并观察 U_i、U_{C1}、U_{C2} 之间的相位关系及 U_{RE} 随 U_i 改变而变化的情况。

(3) 测量共模电压放大倍数

将放大器输入端 A、B 短接,信号源接 A 端与地之间,构成共模输入方式。调节输入信号为频率 $f=1$ kHz 的正弦信号,$U_i=1$ V,在输出波形无失真的情况下,测量 U_{C1}、U_{C2} 的值,记入表 2-7-2 中,并观察 U_i、U_{C1}、U_{C2} 之间的相位关系及 U_{RE} 随 U_i 改变而变化的情况。

2) 具有恒流源的差动放大器的性能测试

将图 2-7-1 所示电路中的开关 S 拨向右边,构成具有恒流源的差动放大器。重复前面典型差动放大器的性能测试实验中(2)、(3)的步骤,并将数据记入表 2-7-2 中。

表 2-7-2　差动放大器的性能测试

	典型差动放大器		具有恒流源的差动放大器	
	双端输入	共模输入	双端输入	共模输入
U_i	100 mV	1 V	100 mV	1 V
U_{C1}/V				
U_{C2}/V				
$A_{d1}=U_{C1}/U_i$				
$A_d=U_o/U_i$				
$A_{c1}=U_{C1}/U_i$				
$A_c=U_o/U_i$				
CMRR=$\|A_d/A_c\|$				
CMRR=$\|A_{d1}/A_{c1}\|$				

五、实验报告要求

1. 整理实验数据，列表比较实验结果和理论计算值，分析误差产生原因。

（1）静态工作点和差模电压放大倍数的实测值与理论值比较。

（2）典型差动放大电路单端输出时 CMRR 的实测值与理论值比较。

（3）典型差动放大电路单端输出时 CMRR 的实测值与具有恒流源的差动放大器CMRR的实测值比较。

2. 比较 U_i、U_{C1}、U_{C2} 之间的相位关系。

3. 根据实验结果，总结电阻 R_E 和恒流源的作用。

六、实验预习要求

1. 根据实验电路参数，估算典型差动放大器和具有恒流源的差动放大器的静态工作点及差模电压放大倍数(取 $\beta_1=\beta_2=100$)。

2. 测量静态工作点时，放大器输入端 A、B 与地应如何连接？

3. 实验中怎样获得双端和单端输入差模信号？怎样获得共模信号？画出 A、B 端与信号源之间的连接图。

4. 怎样进行静态零点调整？用什么仪表测 U_o？

5. 怎样用交流毫伏表测双端输出电压 U_o？

实验八　负反馈放大器

一、实验目的

加深理解放大电路中引入负反馈的方法和负反馈对放大器各项性能指标的影响。

二、实验设备与器件

1. 双踪示波器。
2. 函数信号发生器。
3. 交流毫伏表。
4. DZX-3型电子学综合实验装置。
5. 3DG6 或 9011 晶体三极管 2 个,电阻器、电容器若干。

三、实验原理

负反馈在电子电路中有着非常广泛的应用,虽然它使放大器的放大倍数降低,但它能在多方面改善放大器的动态指标,如稳定放大倍数,改变输入、输出电阻,减小非线性失真和展宽通频带等。因此,几乎所有的实用放大器都带有负反馈。

1) 反馈

所谓反馈,是指将输出量的全部或一部分按照一定方式馈送到输入端,影响输入信号的过程。电路有没有反馈可以通过查看电路是否存在反馈通路来确定。反馈通路是信号反向传输的渠道。例如,图 2-8-1(a)所示电路开环,无反馈通路,故电路无反馈;图 2-8-1(b)所示电路闭环,有反馈通路,故电路有反馈。

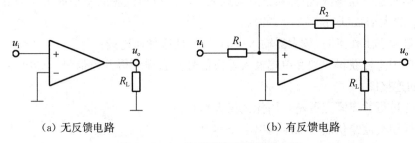

(a) 无反馈电路　　　　　　　　(b) 有反馈电路

图 2-8-1　有反馈和无反馈的电路

2) 反馈极性的判断

根据反馈极性的不同,可以将反馈分为正反馈和负反馈。如果引入的反馈信号增强了输入信号的作用,这样的反馈就称为正反馈;相反,如果反馈信号削弱了输入信号,则称为负反馈。

为了判断引入的是正反馈还是负反馈,可以采用顺时极性法。从输入端开始,沿着信号流向,标出某一时刻有关节点电压变化的斜率,看最终反馈电压对输入电压的影响。例如,图 2-8-2(a)中反馈电压使得输入电压降低,所以引入的是负反馈;图 2-8-2(b)中反馈电压使得输入电压提高,所以引入的是正反馈。(正斜率、负斜率分别用"+"和"-"表示。)

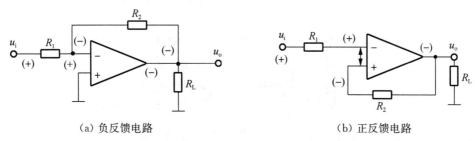

(a) 负反馈电路　　　　　　　　(b) 正反馈电路

图 2-8-2　正反馈电路和负反馈电路

3) 交流反馈与直流反馈

根据反馈到输入端的信号是交流信号还是直流信号,或同时存在,可判别电流性质。也就是说,若反馈通路中有电容,则存在交流反馈;若有电感,则存在直流反馈;若只有电阻或无器件,则同时存在交流反馈与直流反馈。

4) 四种类型的反馈组态

根据反馈采样方式的不同,可将反馈分为电压反馈和电流反馈;根据反馈信号与输入信号在放大电路输入端连接方式的不同,可将反馈分为串联反馈和并联反馈。由此可组成四种反馈组态,即电压串联、电压并联、电流串联、电流并联。本实验以电压串联负反馈为例,分析负反馈对放大器各项性能指标的影响。

下面介绍反馈组态的判别方法。

(1) 并联反馈:反馈量 X_f 和输入量 X_f 接入同一输入端,见图 2-8-3(a)。

(2) 串联反馈:反馈量 X_f 和输入量 X_f 接入不同输入端,见图 2-8-3(b)。

(3) 电压反馈:将负载短路,反馈量为零。

(4) 电流反馈:将负载短路,反馈量仍然存在。

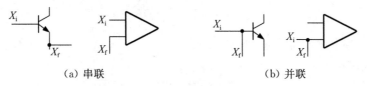

(a) 串联　　　　　　　　(b) 并联

图 2-8-3　电压串联和并联负反馈

5) 带有负反馈的两级阻容耦合放大器(图 2-8-4)

在电路中通过 R_f 把输出电压 u_o 引回到输入端,加在晶体管 VT_1 的发射极上,在发射极电阻 R_{F1} 上形成反馈电压 u_f。根据上述反馈的判断法可知,它属于电压串联负反馈。

该放大器的主要性能指标如下:

(1) 闭环电压放大倍数

$$A_{vf} = \frac{A_v}{1 + A_v F_v}$$

式中:$A_v = U_o/U_i$——基本放大器(无反馈)的电压放大倍数,即开环电压放大倍数;

$1 + A_v F_v$——反馈深度,它的大小决定了负反馈对放大器性能改善的程度。

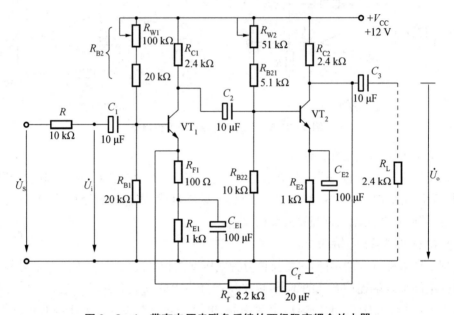

图 2-8-4 带有电压串联负反馈的两级阻容耦合放大器

(2) 反馈系数

$$F_v = \frac{R_{F1}}{R_f + R_{F1}}$$

(3) 输入电阻

$$R_{if} = (1 + A_v F_v) R_i$$

式中,R_i 为基本放大器的输入电阻。

(4) 输出电阻

$$R_{of} = \frac{R_o}{1 + A_{vo} F_v}$$

式中:R_o——基本放大器的输出电阻;

A_{vo}——基本放大器的 $R_L = \infty$ 时的电压放大倍数。

6) 由基本放大器和反馈网络组成负反馈放大器

必须注意,由于基本放大器和反馈网络是闭环连接的,计算基本放大器增益和输入电阻、输出电阻时，应该考虑反馈网络对基本放大器的影响，即将反馈网络在基本放大器上呈现的阻抗考虑在内，我们将这种影响称为反馈网络对基本放大器的负载效应。

基本放大器为无反馈放大器，考虑负载效应时，必须将负反馈放大器的反馈去掉。在考虑反馈网络对基本放大器输入端的负载效应时，若输出端为电压负反馈，则将输出负载短路；若为电流负反馈，则将输出负载开路。这时，反馈网络就不会有反馈信号加到基本放大器的输入端。在考虑反馈网络对基本放大器输出端的负载效应时，若输入端为串联负反馈，则将输入端开路；若为并联负反馈，则将输入端短路。这时反馈网络就不会有反馈信号加到基本放大器的输入端。本实验研究的是电压串联负反馈放大电路，为此：

(1) 在画基本放大器的输入回路时，因为是电压负反馈，所以可将负反馈放大器的输出端交流短路，即令 $u_o=0$，此时 R_f 相当于并联在 R_{F1} 上。

(2) 在画基本放大器的输出回路时，由于输入端是串联负反馈，因此需将反馈放大器的输入端（VT_1 管的射极）开路，此时 (R_f+R_{F1}) 相当于并接在输出端，可近似认为 R_f 并接在输出端。

据上述规律，就可得到所要求的如图 2-8-5 所示的基本放大器。

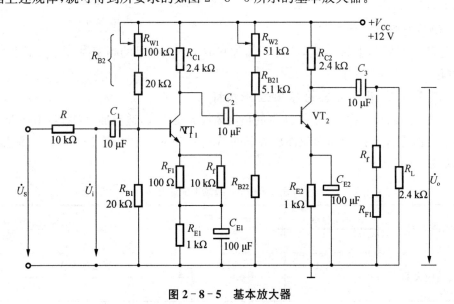

图 2-8-5 基本放大器

四、实验内容与方法

1）测量静态工作点

按图 2-8-4 连接实验电路，取 $V_{CC}=+12\,V$，$U_i=0$，用直流电压表分别测量第一级、第二级的静态工作点，并记入表 2-8-1 中。

表 2-8-1 静态工作点测量

	U_B/V	U_E/V	U_C/V	I_C/mA
第一级				
第二级				

2) 测量基本放大器的各项性能指标

将实验电路按图 2-8-5 改接,即把 R_f 断开后分别并在 R_{F1} 和 R_L 上,其他连线不动。

(1) 测量中频电压放大倍数 A_v、输入电阻 R_i 和输出电阻 R_o。

① 将 $f=1\text{ kHz}$,U_S 约为 5 mV 的正弦信号输入放大器,用示波器监视输出波形 u_o,在 u_o 不失真的情况下,用交流毫伏表测量 U_S、U_i、U_L,并记入表 2-8-2 中。

表 2-8-2 电压放大倍数、输入电阻和输出电阻测量

基本放大器	U_S/mV	U_i/mV	U_L/V	U_o/V	A_v	R_i/kΩ	R_o/kΩ
负反馈放大器	U_S/mV	U_i/mV	U_L/V	U_o/V	A_{vf}	R_{if}/kΩ	R_{of}/kΩ

② 保持 U_S 不变,断开负载电阻 R_L(注意,R_f 不要断开),测量空载时的输出电压 U_o,并记入表 2-8-2 中。

(2) 测量通频带

接上 R_L,保持(1)中的 U_S 不变,然后增加和减小输入信号的频率,找出上、下限频率 f_H 和 f_L,并记入表 2-8-3 中。

3) 测量负反馈放大器的各项性能指标

将实验电路恢复为图 2-8-4 所示的负反馈放大器形式,适当加大 U_S(约 10 mV),在输出波形不失真的条件下,测量负反馈放大器的 A_{vf}、R_{if} 和 R_{of},记入表 2-7-2 中;测量 f_{Hf} 和 f_{Lf},记入表 2-8-3 中。

表 2-8-3 通频带测量

基本放大器	f_L/kHz	f_H/kHz	Δf/kHz
负反馈放大器	f_{Lf}/kHz	f_{Hf}/kHz	Δf_f/kHz

*4) 观察负反馈对非线性失真的改善

(1) 实验电路改接成基本放大器形式,在输入端加入 $f=1\text{ kHz}$ 的正弦信号,输出端接示波器,逐渐增大输入信号的幅度,使输出波形开始出现失真,记下此时的波形和输出电压的幅度。

(2) 再将实验电路改接成负反馈放大器形式,增大输入信号幅度,使输出电压幅度的大小与(1)相同,观察有负反馈时输出波形的变化。

五、实验报告要求

1. 将基本放大器和负反馈放大器动态参数的实测值和理论计算值列表进行比较。
2. 根据实验结果,总结电压串联负反馈对放大器性能的影响。

六、实验预习要求

1. 复习教材中有关负反馈放大器的内容。
2. 按实验电路 2-8-1 估算放大器的静态工作点(取 $\beta_1=\beta_2=100$)。
3. 怎样把负反馈放大器改接成基本放大器?为什么要把 R_f 并接在输入和输出端?
4. 估算基本放大器的 A_v、R_i 和 R_o 以及负反馈放大器的 A_{vf}、R_{if} 和 R_{of},并验算它们之间的关系。
5. 如按深负反馈估算,则闭环电压放大倍数 A_{vf} 为多大?和测量值是否一致?为什么?
6. 如输入信号存在失真,能否用负反馈来改善?
7. 怎样判断放大器是否存在自激振荡?如何进行消振?

实验九 RC 桥式正弦波振荡器

一、实验目的

1. 学会测试振荡器的振荡频率。
2. 验证 RC 桥式正弦波振荡器的起振条件。

二、实验设备与器件

1. 双踪示波器。
2. 交流毫伏表。
3. 函数信号发生器。
4. DZX-3 型电子学综合实验装置。
5. 万用表。
6. 电阻器、电容器若干。

三、实验原理

RC 桥式正弦波振荡器(文氏电桥振荡器)是采用 RC 串并联选频网络的一种正弦波振荡器,具有较好的正弦波形且频率调节范围宽,广泛应用于产生几百千赫兹以下的正弦信号。

1) 实验电路图

测试电路如图 2-9-1 所示。

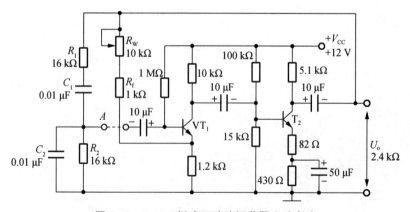

图 2-9-1 RC 桥式正弦波振荡器实验电路

图 2-9-1 由两部分组成:R_1、R_2、C_1、C_2 组成具有选频作用的正反馈网络;VT_1、VT_2 组成两级共射极放大器,并接成电压串联反馈,具有输入电阻高、输出电阻低的特点,其输

入、输出阻抗对正反馈影响较小。

2) 起振条件

在图 2-9-1 所示电路中,选频网络的正反馈系数为

$$\dot{F}=\frac{\dot{U}_F}{\dot{U}_\circ}=\frac{1}{1+\dfrac{R_1}{R_2}+\dfrac{C_1}{C_2}+\mathrm{j}\left(\omega R_1 R_2 C_2-\dfrac{1}{\omega R_2 C_1}\right)}$$

当 $R_1=R_2=R$,$C_1=C_2=C$ 时,则

$$\dot{F}=\frac{1}{3+\mathrm{j}\left(\omega R^2 C-\dfrac{1}{\omega RC}\right)}$$

当频率 $f=\dfrac{1}{2\pi RC}$ 时,则 $F=\dfrac{1}{3}$,根据幅度平衡条件 $A \cdot F$,只有 $A=3$ 时电路才能维持振荡。

要使电路自行起振,则 $A \cdot F \geqslant 1$,因为 $F=\dfrac{1}{3}$,所以 A 必须大于 3,但不能过大。如果过大,振荡幅度将受到晶体管非线性的限制,波形将产生严重失真。

四、实验内容与方法

1) 测量 RC 选频网络的幅频特性

按图 2-9-1 连接实验电路。从电路的端点 A 处断开,不加直流电源 V_{CC},在 RC 串并联网络两端加 3 V(有效值)的低频信号(1 kHz 左右),改变信号的频率,在 RC 并联端(A 点处)测量选频网络的幅频特性。找出 A 点处输出电压最大(约 1 V)时的输入信号频率,并与理论值比较。

注意:改变信号频率时,应保证加在 RC 串并联网络两端的电压值不变。

2) 调节电压串联负反馈放大器的放大倍数

仍断开 RC 选频网络,加直流电源 V_{CC},调整两级放大电路的静态工作点,使两个三极管均处于放大状态,在放大器的输入端加上适当大小的交流信号 U_i(小于 1 V),频率约为 1 kHz,调节负反馈电阻 R_f,使放大倍数 A_v 稍大于 3。用示波器监视,使输出波形不产生失真。

3) 测量振荡频率

放大器调整后,去掉信号源,接上 RC 选频网络,用示波器观察是否有振荡波形,然后微调 R_f,使输出端波形大而失真小。用频率计测出振荡器的频率,填入表 2-9-1 中,并与表中的理论计算值进行比较。

按表 2-9-1 改变电阻 R 和电容 C,用示波器观察是否有振荡波形,然后再次微调 R_f,使输出端波形大而失真小。用频率计测出振荡器的频率,填入表 2-9-1 中,并与表中的理论计算值进行比较。

注意:改变电阻 R 和电容 C 时,电阻 R_1、R_2 要同步变换,电容 C_1、C_2 也要同步变换。

表 2-9-1 振荡频率测量

R、C 值	f 的计算值	f 的测量值
$R_1=R_2=16$ kΩ $C_1=C_2=0.01$ μF		
$R_1=R_2=$ _____ kΩ $C_1=C_2=0.01$ μF		
$R_1=R_2=16$ kΩ $C_1=C_2=$ _____ μF		
$R_1=R_2=$ _____ kΩ $C_1=C_2=$ _____ μF		

五、实验报告要求

1. 按照实验步骤整理实验数据,并描绘观察到的波形。

2. 由给定电路元件参数值计算出振荡频率,并与实验测量值进行比较,分析误差产生的主要原因。

3. 总结文氏电桥振荡器的起振条件。

六、思考题

1. 文氏电桥振荡器的最高振荡频率受哪些因素限制?

2. 为了改善振荡器的输出波形,在文氏电桥振荡器中采取了什么措施?

实验十　集成运算放大器

一、实验目的

1. 掌握运算放大器主要性能指标的测试方法。
2. 通过对 μA741 运算放大器性能指标的测试,了解集成运算放大器组件主要参数的定义和表示方法。

二、实验设备与器件

1. 双踪示波器。
2. 函数信号发生器。
3. 交流毫伏表。
4. DZX-3 型电子学综合实验装置。
5. μA741 集成运算放大器 1 个,电阻器、电容器若干。

三、实验原理

集成运算放大器是一种线性集成电路,和其他半导体器件一样,它也是通过一些性能指标来衡量其质量的优劣。为了正确使用集成运放,就必须了解它的主要性能指标。集成运放组件的各项指标通常是采用专用仪器测试的,这里介绍的是一种简易测试方法。

本实验采用的集成运放型号为 μA741(或 F007),它是 8 脚双列直插式组件,其引脚排列如图 2-10-1 所示,其中 2 脚和 3 脚为反相和同相输入端,6 脚为输出端,7 脚和 4 脚为正、负电源端,1 脚和 5 脚为失调调零端,1 脚和 5 脚之间可接入一只几十千欧的电位器并将滑动触头接到负电源端,8 脚为空脚。

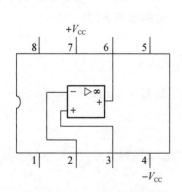

图 2-10-1　μA741 引脚排列

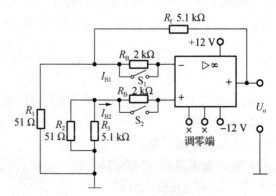

图 2-10-2　U_{oS}、I_{oS} 测试电路

1) μA741 主要性能指标

(1) 输入失调电压 U_{oS}

对于理想运放组件,当输入信号为零时,其输出也为零。但是即使是最优质的集成组件,由于运放内部差动输入级参数的不完全对称,输出电压往往不为零。这种零输入时输出不为零的现象称为集成运放的失调。

输入失调电压 U_{oS} 指输入信号为零时,输出端出现的电压折算到同相输入端的数值。

输入失调电压测试电路如图 2-10-2 所示。闭合开关 S_1 及 S_2,使电阻 R_B 短接,测量得到此时的输出电压 U_{o1} 即为输出失调电压,则输入失调电压为

$$U_{oS} = \frac{R_1}{R_1+R_F}U_{o1}$$

实际测出的 U_{o1} 可能为正,也可能为负,一般在 1~5 mV,高质量运放的 U_{oS} 在 1 mV 以下。

测试中应注意:
- 将运放调零端开路。
- 电阻 R_1 和 R_2、R_3 和 R_F 的参数要严格对称。

(2) 输入失调电流 I_{oS}

输入失调电流 I_{oS} 指当输入信号为零时,运放的两个输入端的基极偏置电流之差,即

$$I_{oS} = |I_{B1} - I_{B2}|$$

输入失调电流的大小反映了运放内部差动输入级两个晶体管的 β 值的失配度。由于 I_{B1}、I_{B2} 本身的数值已很小(微安级),因此它们的差值通常不是直接测量的,测试电路如图 2-10-2 所示,测试分两步进行

① 闭合开关 S_1 及 S_2,在低输入电阻下,测出输出电压 U_{o1},如前所述,这是由输入失调电压 U_{oS} 所引起的输出失调电压。

② 断开 S_1 及 S_2,接入两个输入电阻 R_B,由于 R_B 阻值较大,流经它们的输入电流的差异将变成输入电压的差异,因此也会影响输出电压的大小,可以测出两个电阻 R_B 接入时的输出电压 U_{o2},若从中扣除输入失调电压 U_{oS} 的影响,则输入失调电流 I_{oS} 为

$$I_{oS} = |I_{B1}-I_{B2}| = |U_{o2}-U_{o1}|\frac{R_1}{R_1+R_F}\frac{1}{R_B}$$

一般,I_{oS} 约为几十至几百纳安(10^{-9} A),高质量运放的 I_{oS} 低于 1 nA。

测试中应注意:
- 将运放调零端开路。
- 两输入端电阻 R_B 必须精确配对。

(3) 开环差模电压放大倍数 A_{vd}

集成运放在没有外部反馈时的直流差模放大倍数称为开环差模电压放大倍数,用 A_{vd} 表示。它定义为开环输出电压 U_o 与两个差分输入端之间所加信号电压 U_{id} 之比,即

$$A_{vd} = \frac{U_o}{U_{id}}$$

按定义 A_{vd} 应是信号频率为 0 时的直流放大倍数，但为了测试方便，通常采用低频（几十赫兹以下）正弦交流信号进行测量。由于集成运放的开环电压放大倍数很高，难以直接进行测量，故一般采用闭环测量方法。A_{vd} 的测试方法很多，本实验采用交、直流同时闭环的测试方法，测试电路如图 2-10-3 所示。

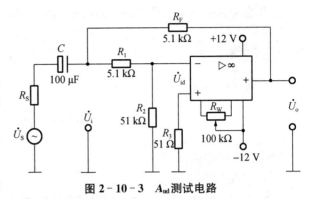

图 2-10-3 A_{vd} 测试电路

被测运放一方面通过 R_F、R_1、R_2 完成直流闭环，以抑制输出电压漂移；另一方面通过 R_F 和 R_S 实现交流闭环，外加信号 u_S 经 R_1、R_2 分压，使 u_{id} 足够小，以保证运放工作在线性区，同相输入端电阻 R_3 应与反相输入端电阻 R_2 相匹配，以减小输入偏置电流的影响。电容 C 为隔直电容。被测运放的开环电压放大倍数为

$$A_{vd} = \frac{U_o}{U_{id}} = \left(1 + \frac{R_1}{R_2}\right)\frac{U_o}{U_i}$$

通常低增益运放的 A_{vd} 约为 60～70 dB，中增益运放的 A_{vd} 约为 80 dB，而高增益运放的 A_{vd} 在 100 dB 以上，可达 120～140 dB。

测试中应注意：
- 测试前电路应首先消振及调零。
- 被测运放要工作在线性区。
- 输入信号频率应较低，一般采用 50～100 Hz，输出信号幅度应较小，且无明显失真。

(4) 共模抑制比 CMRR

集成运放的差模电压放大倍数 A_d 与共模电压放大倍数 A_c 之比称为共模抑制比，即

$$\text{CMRR} = \left|\frac{A_d}{A_c}\right| \quad \text{或} \quad \text{CMRR} = 20\lg\left|\frac{A_d}{A_c}\right| \text{ (dB)}$$

共模抑制比在实际应用中是一个很重要的参数。对于理想运放，当输入共模信号时，其输出为零，但在实际的集成运放中，其输出不可能没有共模信号的成分，输出端共模信号越小，说明电路对称性越好，也就是说运放对共模干扰信号的抑制能力越强，即 CMRR 越大。CMRR 的测试电路如图 2-10-4 所示。

集成运放工作在闭环状态下的差模电压放大倍数为

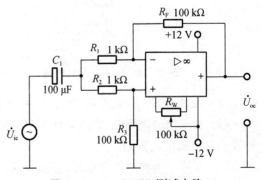

图 2-10-4 CMRR 测试电路

$$A_d = -\frac{R_F}{R_1}$$

当接入共模输入信号 U_{iC} 时,测得 U_{oC},则共模电压放大倍数为

$$A_c = \frac{U_{oc}}{U_{ic}}$$

得共模抑制比

$$\text{CMRR} = \left|\frac{A_d}{A_c}\right| = \frac{R_F}{R_1}\frac{U_{ic}}{U_{oc}}$$

测试中应注意:
- 消振与调零。
- R_1 与 R_2、R_3 与 R_F 之间的阻值严格对称。
- 输入信号 U_{ic} 的幅度必须小于集成运放的最大共模输入电压范围 U_{icm}。

(5) 共模输入电压范围 U_{icm}

集成运放所能承受的最大共模电压称为共模输入电压范围,若超出这个范围,运放的 CMRR 会大大下降,使输出波形产生失真,有些运放还会出现自锁现象以及永久性损坏。

U_{iCm} 的测试电路如图 2-10-5 所示。被测运放接成电压跟随器形式,输出端接示波器,观察最大不失真输出波形,从而确定 U_{icm} 值。

(6) 输出电压最大动态范围 U_{op-p}

集成运放输出电压的动态范围与电源电压、外接负载及信号源频率有关,其测试电路如图 2-10-6 所示。

改变 u_S 幅度,观察 u_o 削顶失真开始时刻,从而确定 u_o 的不失真范围,这就是运放在一定电源电压下可能输出的电压峰-峰值 U_{op-p}。

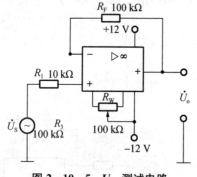

图 2-10-5 U_{icm} 测试电路

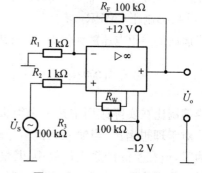

图 2-10-6 U_{op-p} 测试电路

2) 集成运放在使用时应考虑的一些问题

(1) 输入信号选用交、直流量均可,但在选取信号的频率和幅度时,应考虑运放的频响特性和输出幅度的限制。

(2) 调零。为提高运算精度,在运算前,应首先对直流输出电位进行调零,即保证输入为零时输出也为零。当运放有外接调零端子时,可按组件要求接入调零电位器 R_W。调零

时,将输入端接地,调零端接入电位器 R_W,用直流电压表测量输出电压 U_o,细心调节 R_W,使 U_o 为零(即失调电压为零)。当运放没有调零端子时,若要调零,可按图 2-10-7 所示电路进行调零。

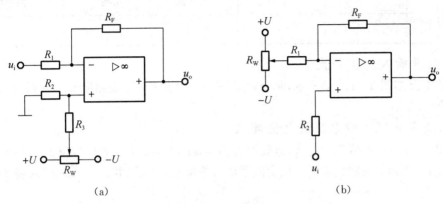

图 2-10-7 调零电路

一个运放如不能调零,大致有如下原因:

① 组件正常,接线有错误。

② 组件正常,但负反馈不够强(R_F/R_1 太大),此时可将 R_F 短路,观察是否能调零。

③ 组件正常,但由于它所允许的共模输入电压太低,可能出现自锁现象,因而不能调零。此时可将电源断开后再重新接通,如能恢复正常,则可确定属于这种情况。

④ 组件正常,但电路有自激现象,应进行消振。

⑤ 组件内部损坏,应更换好的集成块。

(3) 消振。一个集成运放自激时,表现为即使输入信号为零,亦会有输出,使各种运算功能无法实现,严重时还会损坏器件。在实验中,可用示波器监视输出波形,若产生自激现象,可采用如下措施:

① 若运放有相位补偿端子,可利用外接 RC 补偿电路,相关产品手册中有补偿电路及元件参数提供。

② 电路布线、元器件布局应尽量减少分布电容。

③ 在正、负电源进线与地之间接上几十微法的电解电容和 $0.01\sim0.1~\mu F$ 的陶瓷电容相并联以减小电源引线的影响。

注:自激消除方法请参考第一部分第四章。

四、实验内容与方法

进行实验前应看清运放引脚排列、电源电压极性及数值,切忌将正、负电源极性接反。

1) 测量输入失调电压 U_{oS}

按图 2-10-2 连接实验电路,闭合开关 S_1、S_2,用直流电压表测量输出端电压 U_{o1},并计算 U_{oS},记入表 2-10-1 中。

表 2-10-1　输入失调电压和输入失调电流测量

U_{o1}	U_{o2}	U_{oS}/mV		I_{oS}/nA	
		实测值	典型值	实测值	典型值
			1～10		50～100

2）测量输入失调电流 I_{oS}

实验电路如图 2-10-2 所示,断开开关 S_1、S_2,用直流电压表测量 U_{o2},并计算 I_{oS},记入表 2-10-1 中。

3）测量开环差模电压放大倍数 A_{vd}

按图 2-10-3 连接实验电路,运放输入端接频率为 100 Hz,大小约为 30～50 mV 的正弦信号,用示波器监视输出波形。用交流毫伏表测量 U_o 和 U_i,并计算 A_{vd},记入表 2-10-2 中。

表 2-10-2　开环差模电压放大倍数测量

U_i	U_o	A_{vd}	A_{vd}/dB	
			实测值	典型值
100～106				

4）测量共模抑制比 CMRR

按图 2-10-4 连接实验电路,运放输入端接 $f=100$ Hz,$U_{ic}=1\sim 2$ V 的正弦信号,用示波器监视输出波形。用交流毫伏表测量 U_{oc} 和 U_{ic},计算 A_c 及 CMRR,记入表 2-10-3 中。

表 2-10-3　共模抑制比测量

U_{ic}	U_{oc}	A_c	CMRR	CMRR/dB	
				实测值	典型值
					80～86

*5）测量共模输入电压范围 U_{icm} 与输出电压最大动态范围 $U_{op\text{-}p}$

自拟实验步骤及方法。

五、实验报告要求

1. 将测得的数据与典型值进行比较。
2. 对实验结果及实验中碰到的问题进行分析、讨论。

六、实验预习要求

1. 查阅 μA741 集成运算放大器的典型指标数据及引脚功能。

2. 测量输入失调参数时,为什么运放反相与同相输入端的电阻要精选,以保证严格对称?

3. 测量输入失调参数时,为什么要将运放调零端开路,而在进行其他测试时,则要求对输出电压进行调零?

4. 测试信号的频率选取原则是什么?

实验十一 模拟运算电路

一、实验目的

1. 研究由集成运算放大器组成的比例、加法、减法和积分等基本运算电路的功能。
2. 了解运算放大器在实际应用时应考虑的一些问题。

二、实验设备与器件

1. 双踪示波器。
2. 函数信号发生器。
3. 交流毫伏表。
4. DZX-3型电子学综合实验装置。
5. μA741集成运算放大器1个,电阻器、电容器若干。

三、实验原理

集成运算放大器是一种具有高电压放大倍数的直接耦合多级放大电路,当外部接入不同的线性或非线性元器件组成输入和负反馈电路时,可以灵活地实现各种特定的函数关系。在线性应用方面,集成运算放大器可组成比例、加法、减法、积分、微分、对数等模拟运算电路。

1) 理想运算放大器的特性

在大多数情况下,将运算放大器视为理想运算放大器,就是将运算放大器的各项技术指标理想化。满足下列条件的运算放大器称为理想运算放大器:

① 开环电压增益:$A_{vd}=\infty$;
② 输入阻抗:$r_i=\infty$;
③ 输出阻抗:$r_o=0$;
④ 带宽:$f_{BW}=\infty$;
⑤ 失调与漂移均为零。

理想运放在线性应用时具有以下两个重要特性:
(1) 输出电压 U_o 与输入电压之间满足关系式

$$U_o=A_{vd}(U_+-U_-)$$

由于 $A_{vd}=\infty$,而 U_o 为有限值,因此 $U_+-U_-\approx 0$,即 $U_+\approx U_-$,称为"虚短"。

(2) 由于 $r_i=\infty$,故流进运放两个输入端的电流可视为零,即 $I_{IB}=0$,称为"虚断"。这说明运放对其前级的吸取电流极小。

上述两个特性是分析理想运放应用电路的基本原则,可简化运放电路的计算。

2) 基本运算电路

(1) 反相比例运算电路

反相比例运算电路如图 2-11-1 所示。对于理想运放，该电路的输出电压与输入电压之间的关系为

$$U_o = -\frac{R_F}{R_1}U_i$$

为了减小输入级偏置电流引起的运算误差，在同相输入端应接入平衡电阻 $R_2 = R_1 /\!/ R_F$。

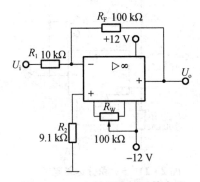
图 2-11-1 反相比例运算电路

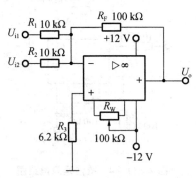
图 2-11-2 反相加法运算电路

(2) 反相加法运算电路

反相加法运算电路如图 2-11-2 所示，输出电压与输入电压之间的关系为

$$U_o = -\left(\frac{R_F}{R_1}U_{i1} + \frac{R_F}{R_2}U_{i2}\right), R_3 = R_1 /\!/ R_2 /\!/ R_F$$

(3) 同相比例运算电路

如图 2-11-3(a)所示是同相比例运算电路，它的输出电压与输入电压之间的关系为

$$U_o = \left(1 + \frac{R_F}{R_1}\right)U_i, R_2 = R_1 /\!/ R_F$$

当 $R_1 \to \infty$ 时，$U_o = U_i$，即得到如图 2-11-3(b)所示的电压跟随器。图中 $R_2 = R_F$，起到减小漂移和保护作用。一般 R_F 取 10 kΩ，R_F 若太小就起不到保护作用，若太大则影响跟随性。

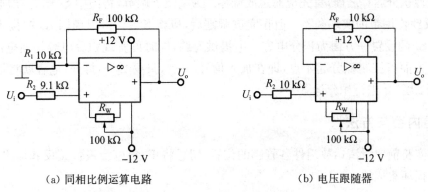

(a) 同相比例运算电路　　　　　　　(b) 电压跟随器

图 2-11-3 同相比例运算电路

(4) 差动放大电路(减法器)

对于如图 2-11-4 所示的减法运算电路，当 $R_1=R_2, R_3=R_F$ 时，有如下关系式：

$$U_o = \frac{R_F}{R_1}(U_{i2} - U_{i1})$$

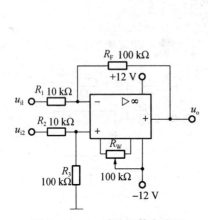
图 2-11-4　减法运算电路图

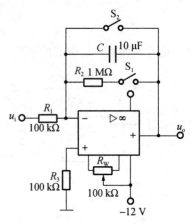
图 2-11-5　积分运算电路

(5) 积分运算电路

反相积分运算电路如图 2-11-5 所示。在理想化条件下，输出电压 u_o 为

$$u_o(t) = -\frac{1}{R_1 C}\int_0^t u_i \mathrm{d}t + u_C(0)$$

式中，$u_C(0)$ 是 $t=0$ 时电容 C 两端的电压值，即初始值。

如果 $u_i(t)$ 是幅值为 E 的阶跃电压，并设 $u_C(0)=0$，则

$$u_o(t) = -\frac{1}{R_1 C}\int_0^t E \mathrm{d}t = -\frac{E}{R_1 C}t$$

即输出电压 $u_o(t)$ 随时间增长而线性下降。显然 RC 的数值越大，达到给定的 U_o 值所需的时间就越长。积分输出电压所能达到的最大值受集成运放最大输出范围的限制。

在进行积分运算之前，首先应对运放调零。为了便于调节，将图中 S_1 闭合，即通过电阻 R_2 的负反馈作用帮助实现调零。但在完成调零后，应将 S_1 打开，以免因 R_2 的接入造成积分误差。S_2 的设置一方面为积分电容放电提供通路，同时可实现积分电容初始电压 $u_C(0)=0$；另一方面可控制积分起始点，即在加入信号 u_i 后，只要 S_2 一打开，电容就将被恒流充电，电路也就开始进行积分运算。

四、实验内容与方法

进行实验前要看清运放组件各管脚的位置；切忌将正、负电源极性接反和输出端短路，否则将会损坏集成块。

1) 反相比例运算电路

(1) 按图 2-11-1 连接实验电路,接通±12 V 电源,输入端对地短路,进行调零和消振。

(2) 输入 $f=100$ Hz, $U_i=0.5$ V 的正弦交流信号,测量相应的 U_o,并用示波器观察 u_o 和 u_i 的相位关系,记入表 2-11-1 中。

表 2-11-1 $U_i \approx 0.5$ V, $f=100$ Hz 时的电路参数

U_i/V	U_o/V	u_i 波形	u_o 波形	A_v	
				实测值	计算值
					−10

2) 同相比例运算电路

(1) 按图 2-11-3(a)连接实验电路。实验步骤同反相比例运算电路,将结果记入表 2-11-2 中。

表 2-11-2 $U_i \approx 0.5$ V, $f=100$ Hz 时的电路参数

U_i/V	U_o/V	u_i 波形	u_o 波形	A_v	
				实测值	计算值
					11

(2) 将图 2-11-3(a)中的 R_1 断开,得图 2-11-3(b)所示电路,重复反相比例运算电路实验的步骤,将结果记入表 2-11-3 中。

表 2-11-3 R_1 断开后的电路参数

U_i/V	U_o/V	u_i 波形	u_o 波形	A_v	
				实测值	计算值
					1

3) 反相加法运算电路

(1) 按图 2-11-2 连接实验电路,并进行调零和消振。

(2) 输入信号采用直流信号,如图 2-11-6 所示电路为简易可调直流信号源,由实验者自行完成。实验时要注意选择合适的直流信号幅度以确保集成运放工作在线性区。用直流电压表测量输入电压 U_{i1}、U_{i2} 及输出电压 U_o,记入表 2-11-4 中。

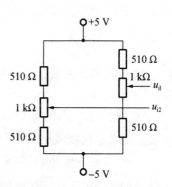

图 2-11-6 简易可调直流信号源

表 2-11-4　反向加法运算电路输出电压测量

U_{i1}/V	−1.0	−0.5	0	0.5	1.0
U_{i2}/V	0.5	0.5	0.5	0.5	0.5
U_o/V					

4) 减法运算电路

(1) 按图 2-11-4 连接实验电路,并进行调零和消振。
(2) 采用直流输入信号,实验步骤同反相加法运算电路,将结果记入表 2-11-5 中。

表 2-11-5　减法运算电路输出电压测量

U_{i1}/V	−1.0	−0.5	0	0.5	1.0
U_{i2}/V	0.5	0.5	0.5	0.5	0.5
U_o/V					

5) 积分运算电路

实验电路如图 2-11-6 所示。
(1) 打开 S_2,闭合 S_1,对运放输出电压进行调零。
(2) 调零完成后,打开 S_1,闭合 S_2,使 $u_C(0)=0$。
(3) 预先调好直流输入电压 $U_i=0.5$ V,接入实验电路,再打开 S_2,然后用直流电压表测量输出电压 U_o,每隔 10 s 读一次 U_o 值,记入表 2-11-6 中,直到 U_o 不继续明显增大为止。

表 2-11-6　积分运算电路输出电压测量

t/s	0	10	20	30	40	50	60	…
U_o/V								

五、实验报告要求

1. 整理实验数据,画出波形图(注意波形间的相位关系)。
2. 将理论计算结果和实测数据相比较,分析产生误差的原因。
3. 分析讨论实验中出现的现象和问题。

六、实验预习要求

1. 复习集成运放线性应用部分内容,并根据实验电路参数计算各电路输出电压的理论计算值。
2. 在反相加法器中,如果 U_{i1} 和 U_{i2} 均采用直流信号,并选定 $U_{i2}=-1$ V,当考虑到运算放大器的最大输出幅度(±12 V)时,$|U_{i1}|$ 的大小不应超过多少伏?
3. 在积分运算电路中,如果 $R_1=100$ kΩ,$C=4.7$ μF,求时间常数。
假设 $U_i=0.5$ V,要使输出电压 U_o 达到 5 V,则需多长时间(设 $u_C(0)=0$)?
4. 为了不损坏集成块,实验中应注意什么问题?

实验十二 电压比较器

一、实验目的

1. 掌握电压比较器的电路构成及特点。
2. 学会测试比较器的方法。

三、实验设备与器件

1. DZX-2B 型电子学综合实验装置。
2. 双踪示波器。
3. 函数信号发生器。
4. 交流毫伏表。
5. μA741 运算放大器 2 个,2CW231 稳压管 1 个,IN4007 二极管 2 个,电阻器若干。

三、实验原理

电压比较器是集成运放非线性应用电路,它将一个模拟量电压信号和一个参考电压相比较,在二者幅度相等的附近,输出电压将产生跃变,相应输出高电平或低电平。比较器可以组成非正弦波形变换电路及应用于模拟与数字信号转换等领域。

如图 2-12-1(a)所示为一个最简单的电压比较器电路,U_R 为参考电压,加在运放的同相输入端;输入电压 u_i 加在反相输入端。

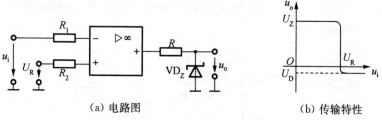

(a) 电路图　　　　　　(b) 传输特性

图 2-12-1 电压比较器

当 $u_i < U_R$ 时,运放输出高电平,稳压管 VD_Z 反向稳压工作,输出电压被其箝位在稳压管的稳定电压 U_Z,即 $u_o = U_Z$。

当 $u_i > U_R$ 时,运放输出低电平,VD_Z 正向导通,输出电压等于稳压管的正向压降 U_D,即 $u_o = -U_D$。

因此,以 U_R 为界,当输入电压 u_i 变化时,输出端反映出两种状态:高电位和低电位。

表示输出电压与输入电压之间关系的特性曲线称为传输特性。图 2-12-1(b)为图 2-12-1(a)所示比较器的传输特性。

常用的电压比较器有过零比较器、具有滞回特性的过零比较器(简称滞回比较器)、双限比较器(又称窗口比较器)等。

1) 过零比较器

如图 2-12-2(a)所示为加限幅电路的过零比较器电路,VD_Z 为限幅稳压管。信号从运放的反相输入端输入,参考电压为零,从同相端输入。当 $u_i > 0$ 时,输出电压 $u_o = -(U_Z + U_D)$,当 $u_i < 0$ 时,$u_o = +(U_Z + U_D)$。其电压传输特性如图 2-12-2(b)所示。

过零比较器结构简单,灵敏度高,但抗干扰能力差。

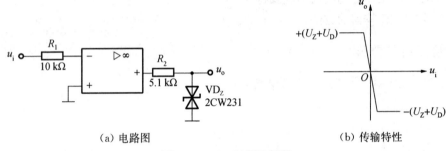

(a) 电路图　　　　　　　　(b) 传输特性

图 2-12-2　过零比较器

2) 滞回比较器

如图 2-12-3(a)所示为滞回比较器电路。过零比较器在实际工作时,如果 u_i 恰好在过零值附近,则由于零点漂移的存在,u_o 将不断由一个极限值转换到另一个极限值,在控制系统中,这点对于执行机构是很不利的。为此,需要输出特性具有滞回现象。如图 2-12-3 所示,从输出端引一个电阻分压正反馈支路到同相输入端,若 u_o 改变状态,Σ点也随着改变电位,使过零点离开原来位置。当 u_o 为正(记作 U_+)时,$U_\Sigma = \dfrac{R_2}{R_f + R_2} U_+$,则当 $u_i > U_\Sigma$ 后,u_o 即由正变负(记作 U_-),此时 U_Σ 变为 $-U_\Sigma$。故只有当 u_i 下降到 $-U_\Sigma$ 以下,才能使 u_o 再度回升到 U_+,于是出现图 2-12-3(b)所示的滞回特性。$-U_\Sigma$ 与 U_Σ 的差别称为回差。改变 R_2 的值可以改变回差的大小。

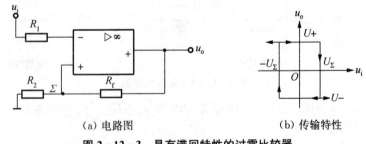

(a) 电路图　　　　　　　　(b) 传输特性

图 2-12-3　具有滞回特性的过零比较器

3) 双限(窗口)比较器

简单的比较器仅能鉴别输入电压 u_i 比参考电压 U_R 高或低的情况,而窗口比较器由两个简单比较器组成,如图 2-12-4(a)所示,它能指示出 u_i 值是否处于 U_R^+ 和 U_R^- 之间。如 $U_R^- < U_i < U_R^+$,则窗口比较器的输出电压 U_o 等于运放的正饱和输出电压$(+U_{omax})$;如果 U_i

$<U_R^-$ 或 $U_i>U_R^+$,则窗口比较器的输出电压 U_o 等于运放的负饱和输出电压($-U_{omax}$)。

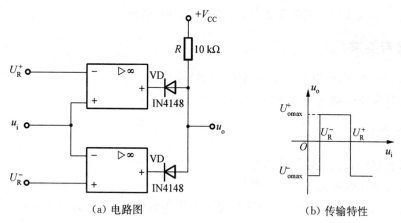

(a) 电路图　　　　　(b) 传输特性

图 2-12-4　由两个简单比较器组成的窗口比较器

四、实验内容与方法

1) 过零比较器

实验电路如图 2-12-2 所示。

(1) 接通 ±12 V 电源。

(2) 测量 u_i 悬空时的 U_o 值。

(3) u_i 输入 500 Hz、幅值为 2 V 的正弦信号,观察 $u_i \to u_o$ 波形并记录。

(4) 改变 u_i 幅值,测量传输特性曲线。

2) 反相滞回比较器

实验电路如图 2-12-5 所示。

(1) 按图连线,u_i 接 +5 V 可调直流电源,测出 u_o 由 $+U_{omax} \to -U_{omax}$ 时 u_i 的临界值。

(2) 同上,测出 u_o 由 $-U_{omax} \to +U_{omax}$ 时 u_i 的临界值。

(3) u_i 接频率为 500 Hz,峰值为 2 V 的正弦信号,观察并记录 $u_i \to u_o$ 波形。

(4) 将分压支路的 100 kΩ 电阻改为 200 kΩ 的,重复上述实验,测定传输特性。

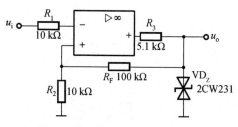

图 2-12-5　反相滞回比较器

3) 同相滞回比较器

实验电路如图 2-12-6 所示。

参照反相滞回比较器实验,自拟实验步骤及方法,并将结果与反相滞回比较器实验结果进行比较。

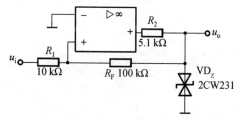

图 2-12-6　同相滞回比较器

4）窗口比较器

参照图 2-12-4 自拟实验步骤和方法，测定其传输特性。

五、实验报告要求

1. 整理实验数据，绘制各类比较器的传输特性曲线。
2. 总结几种比较器的特点，阐明它们的应用。

六、实验预习要求

1. 复习教材中有关比较器的内容。
2. 画出各类比较器的传输特性曲线。
3. 若要将图 2-12-4 所示窗口比较器的电压传输曲线的高、低电平对调，应如何改动比较器电路？

实验十三 波形发生器

一、实验目的

1. 学习用集成运算放大器构成正弦波、方波发生器和三角波发生器的方法。
2. 学习波形发生器的调整方法和主要性能指标的测试方法。

二、实验设备与器件

1. DZX-2B 型电子学综合实验装置。
2. 双踪示波器。
3. 交流毫伏表。
4. 函数信号发生器。
5. μA741 集成运算放大器 2 个，IN4007 二极管 2 个，2CW231 稳压管 1 个，电阻器、电容器若干。

三、实验原理

由集成运放构成的正弦波、方波发生器和三角波发生器有多种形式，本实验选用最常用的、电路比较简单的几种加以分析。

1) RC 桥式正弦波振荡器

如图 2-13-1 所示为 RC 桥式正弦波振荡器，其中 RC 串、并联电路构成正反馈支路，同时兼作选频网络；R_1、R_2、R_W 及二极管等元件构成负反馈和稳幅环节。调节电位器 R_W 可

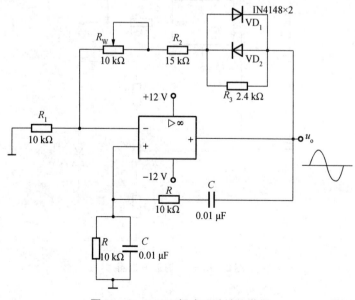

图 2-13-1 **RC 桥式正弦波振荡器**

以改变负反馈深度,以满足振荡的振幅条件和改善波形。利用两个反向并联二极管 VD_1、VD_2 的正向电阻的非线性特性来实现稳幅。VD_1、VD_2 采用硅管(温度稳定性好),且要求特性匹配,才能保证输出波形正、负半周对称。R_3 的接入是为了削弱二极管非线性的影响,以改善波形失真。

电路的振荡频率为

$$f_o = \frac{1}{2\pi RC}$$

起振的幅值条件为

$$\frac{R_f}{R_1} \geqslant 2$$

式中,$R_f = R_W + R_2 + (R_3 /\!/ r_D)$,$r_D$ 为二极管正向导通电阻。

调整反馈电阻 R_f(调节 R_W),使电路起振且波形失真最小。如不能起振,则说明负反馈太强,应适当加大 R_f;如波形失真严重,则应适当减小 R_f。

改变选频网络的参数 C 或 R 即可调节振荡频率。一般通过改变电容 C 进行频率量程切换,而通过调节 R 进行量程内的频率细调。

2) 方波发生器

由集成运放构成的方波发生器和三角波发生器一般均包括比较器和 RC 积分器两大部分。如图 2-13-2 所示为由滞回比较器及简单 RC 积分电路组成的方波-三角波发生器。它的特点是线路简单,但产生的三角波的线性度较差,因此主要用于产生方波或对三角波要求不高的场合。

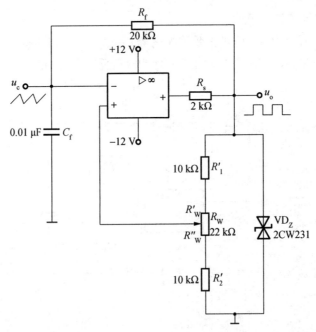

图 2-13-2 方波发生器

电路振荡频率为

$$f_o = \frac{1}{2R_f C_f \ln\left(1+\dfrac{2R_2}{R_1}\right)}$$

式中，$R_1 = R_1' + R_w'$，$R_2 = R_2' + R_w''$。

方波输出幅值为

$$U_{om} = \pm U_Z$$

三角波输出幅值为

$$U_{om} = \frac{R_2}{R_1+R_2} U_Z$$

调节电位器 R_w（即改变 R_2/R_1）可以改变振荡频率，但三角波输出的幅值也随之变化。如要互不影响，则可通过改变 R_f（或 C_f）来实现振荡频率的调节。

3）三角波和方波发生器

如把滞回比较器和积分器首尾相接形成正反馈闭环系统，如图 2-13-3 所示，则比较器 A_1 输出的方波经积分器 A_2 积分可得到三角波，三角波又触发比较器自动翻转形成方波，这样即可构成三角波和方波发生器。图 2-13-4 为方波和三角波发生器的输出波形图。由于采用运放组成的积分电路，因此可实现恒流充电，使三角波线性度得到大大改善。

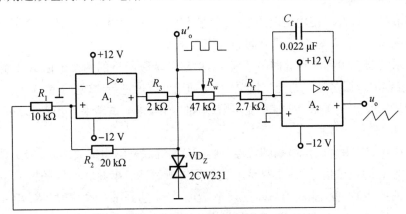

图 2-13-3 三角波和方波发生器

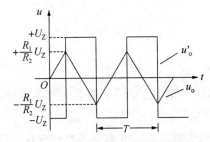

图 2-13-4 方波和三角波发生器的输出波形图

电路振荡频率为

$$f_o = \frac{R_2}{4R_1(R_f+R_w)C_f}$$

方波输出幅值为

$$U'_{om} = \pm U_Z$$

三角波输出幅值为

$$U_{om} = \frac{R_1}{R_2}U_Z$$

调节 R_w 可以改变振荡频率,改变 $\frac{R_1}{R_2}$ 比值可调节三角波输出的幅值。

四、实验内容与方法

1) RC 桥式正弦波振荡器

按图 2-13-1 连接实验电路。

(1) 接通 ±12 V 电源,调节电位器 R_w,使输出波形从无到有,从正弦波到出现失真。描绘 u_o 的波形,记下临界起振、正弦波输出及失真情况下的 R_w 值,分析负反馈强弱对起振条件及输出波形的影响。

(2) 调节电位器 R_w,使输出电压 u_o 幅值最大且不失真,用交流毫伏表分别测量输出电压 U_o、反馈电压 U_+ 和 U_-,分析研究起振的幅值条件。

(3) 用示波器或频率计测量振荡频率 f_o,然后在选频网络的两个电阻 R 上并联同一阻值的电阻,观察记录振荡频率的变化情况,并与理论计算值进行比较。

(4) 断开二极管 VD_1 和 VD_2,重复步骤(2)的操作,将测试结果与步骤(2)进行比较,分析 VD_1 和 VD_2 的稳幅作用。

*(5) 观察 RC 串并联网络幅频特性。将 RC 串并联网络与运放断开,由函数信号发生器注入 3 V 左右的正弦信号,并用双踪示波器同时观察 RC 串并联网络的输入、输出波形。保持输入幅值(3 V)不变,从低到高改变频率,当信号源达到某一频率时,RC 串并联网络输出将达到最大值(约 1 V),且输入、输出同相位。此时的信号源频率为

$$f = f_o = \frac{1}{2\pi RC}$$

2) 方波发生器

按图 2-13-2 连接实验电路。

(1) 将电位器 R_w 调至中心位置,用双踪示波器观察并描绘方波输出 u_o 和三角波输出 u_C 的波形(注意对应关系),测量其幅值及频率,并做记录。

(2) 改变 R_w 动点的位置,观察 u_o、u_C 的幅值及频率变化情况。把动点调至最上端和最下端,测出频率范围,并做记录。

(3) 将 R_W 恢复至中心位置,并将一只稳压管短接,观察 u_o 的波形,分析 VD_Z 的限幅作用。

3) 三角波和方波发生器

按图 2-13-3 连接实验电路。

(1) 将电位器 R_W 调至合适的位置,用双踪示波器观察并描绘三角波输出 u_o 和方波输出 u_o',测其幅值、频率及 R_W 值,并做记录。

(2) 改变 R_W 的位置,观察对 u_o、u_o' 的幅值及频率的影响。

(3) 改变 R_1(或 R_2),观察对 u_o、u_o' 的幅值及频率的影响。

五、实验报告要求

1) 正弦波发生器

(1) 列表整理实验数据,画出波形,把实测频率与理论计算值进行比较。

(2) 根据实验分析 RC 桥式正弦波振荡器起振的幅值条件。

(3) 讨论二极管 VD_1 和 VD_2 的稳幅作用。

2) 方波发生器

(1) 列表整理实验数据,在同一坐标纸上按比例画出方波和三角波的波形图(标出时间和电压幅值)。

(2) 分析 R_W 变化对 u_o 波形的幅值及频率的影响。

(3) 讨论 VD_Z 的限幅作用。

3) 三角波和方波发生器

(1) 列表整理实验数据,把实测频率与理论计算值进行比较。

(2) 在同一坐标纸上按比例画出三角波和方波的波形,并标明时间和电压幅值。

(3) 分析电路参数变化(R_1、R_2 和 R_W)对输出波形的频率及幅值的影响。

六、实验预习要求

1. 复习有关 RC 桥式正弦波振荡器、三角波发生器和方波发生器的工作原理,并估算图 2-13-1、图 2-13-2、图 2-13-3 所示电路的振荡频率。

2. 设计实验表格。

3. 为什么在 RC 桥式正弦波振荡电路中要引入负反馈支路?为什么要增加二极管 VD_1 和 VD_2?它们是怎样稳幅的?

4. 电路参数变化对图 2-13-2、图 2-13-3 所示电路产生的方波和三角波的频率及幅值有什么影响?(或者:怎样改变图 2-13-2、图 2-13-3 所示电路产生的方波和三角波的频率及幅值?)

5. 在波形发生器各电路中,相位补偿和调零是否需要?为什么?

6. 怎样测量非正弦波电压的幅值?

实验十四 串联型直流稳压电源

一、实验目的

1. 研究单相桥式整流、电容滤波电路的特性。
2. 掌握串联型晶体管稳压电源主要技术指标的测试方法。

二、实验设备与器件

1. 双踪示波器。
2. 函数信号发生器。
3. 交流毫伏表。
4. DZX-2B型电子学综合实验装置。
5. 滑动变阻器(200 Ω,1 A),晶体三极管 3DG6(或 9011)2 个、3DG12(或 9013)1 个,IN4007 晶体二极管 4 个,IN4735 稳压管 1 个,电阻器、电容器若干。

三、实验原理

电子设备一般都需要直流电源供电。这些直流电源除了少数直接利用干电池和直流发电机外,大多数采用把交流电(市电)转变为直流电的直流稳压电源。

直流稳压电源由电源变压器、整流电路、滤波电路和稳压电路四部分组成,其原理框图如图2-14-1所示。电网供给的交流电压 u_1(220 V,50 Hz)经电源变压器降压后,得到符合电路需要的交流电压 u_2,然后由整流电路变换成方向不变、大小随时间变化的脉动电压 u_3,再用滤波器滤去其交流分量,就可得到比较平直的直流电压 u_i。但这样的直流输出电压还会随交流电网电压的波动或负载的变动而变化。因此在对直流供电要求较高的场合还需要使用稳压电路,以保证直流输出电压更加稳定。

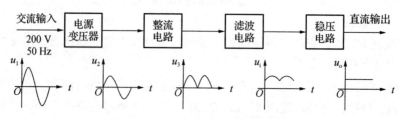

图 2-14-1 直流稳压电源原理框图

图 2-14-2 是由分立元件组成的串联型稳压电源的电路图,其整流部分为单相桥式整流电路和电容滤波电路;稳压部分为串联型稳压电路,它由调整元件(晶体管 VT_1)、比较放大器 VT_2、R_7,取样电路 R_1、R_2、R_W,基准电压 VD_W、R_3,以及过流保护电路 VT_3 管和电阻 R_4、R_5、R_6 等组成。整个稳压电路是一个具有电压串联负反馈的闭环系统,其稳压过程为:当电网电压波

动或负载变动引起直流输出电压发生变化时,取样电路取出输出电压的一部分送入比较放大器,并与基准电压进行比较,产生的误差信号经 VT_2 放大后送至调整管 VT_1 的基极,使调整管改变其管压降,以补偿输出电压的变化,从而达到稳定输出电压的目的。

由于在稳压电路中调整管与负载串联,因此流过它的电流与负载电流一样大。当输出电流过大或发生短路时,调整管会因电流过大或电压过高而损坏,所以需要对调整管加以保护。在图 2-14-2 所示电路中,晶体管 VT_3 和电阻 R_4、R_5、R_6 组成减流型保护电路。此电路设计在 $I_{oP}=1.2I$ 时开始起保护作用,此时输出电流减小,输出电压降低。故障排除后电路应能自动恢复正常工作。在调试时,若保护提前作用,应减小 R_6 值;若保护作用滞后,则应增大 R_6 值。

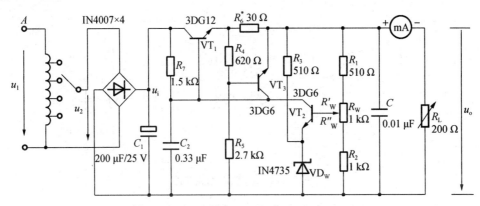

图 2-14-2 串联型直流稳压电源实验电路

下面介绍直流稳压电源的主要性能指标。

1) 输出电压 U_o 和输出电压调节范围

$$U_o = \frac{R_1+R_W+R_2}{R_2+R_W''}(U_Z+U_{BE2})$$

调节 R_W 可以改变输出电压 U_o。

2) 最大负载电流 I_{om}

3) 输出电阻 R_o

输出电阻 R_o 定义为:当输入电压 U_i(指稳压电路输入电压)保持不变,由于负载变化而引起的输出电压变化量与输出电流变化量之比,即

$$R_o = \frac{\Delta U_o}{\Delta I_o}\bigg|_{U_i=常数}$$

4) 稳压系数 S(电压调整率)

稳压系数定义为:当负载保持不变,输出电压相对变化量与输入电压相对变化量之比,即

$$S = \frac{\Delta U_o/U_o}{\Delta U_i/U_i}\bigg|_{R_L=常数}$$

由于工程上常把电网电压波动±10%作为极限条件,因此也有将此时的输出电压相对变化 $\Delta U_o/U_o$ 作为衡量指标,称为电压调整率。

5)输出纹波电压

输出纹波电压指在额定负载条件下,输出电压中所含交流分量的有效值(或峰值)。

四、实验内容与方法

1)整流滤波电路性能测试

按图 2-14-3 连接实验电路。取可调工频电源电压为 16 V,作为整流电路输入电压 u_2。

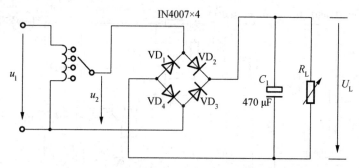

图 2-14-3 整流滤波电路

(1) 取 $R_L=240\ \Omega$,不加滤波电容,测量直流输出电压 U_L 及输出纹波电压 $\tilde{U}_L$,并用示波器观察 u_2 和 u_L 波形,记入表 2-14-1 中。

(2) 取 $R_L=240\ \Omega$,$C=470\ \mu F$,重复步骤(1)的操作,记入表 2-14-1 中。

(3) 取 $R_L=120\ \Omega$,$C=470\ \mu F$,重复步骤(1)的操作,记入表 2-14-1 中。

表 2-14-1　$U_2=16$ V 时不同 R_L、C 值的输出电压及波形

电路形式		U_L/V	$\tilde{U}_L/V$	u_L 波形
$R_L=240\ \Omega$				
$R_L=240\ \Omega$ $C=470\ \mu F$				
$R_L=120\ \Omega$ $C=470\ \mu F$				

实验中要注意以下两点:

① 每次改接电路时,必须切断工频电源。

② 在观察输出电压 u_L 波形的过程中,Y 轴输入灵敏度旋钮位置调好以后不要再变动,否则将无法比较各波形的脉动情况。

2) 串联型稳压电源性能测试

切断工频电源,在图 2-14-3 基础上按图 2-14-2 连接实验电路。

(1) 初测

稳压器输出端负载开路,断开保护电路,接通 16 V 工频电源,测量整流电路输入电压 U_2、滤波电路输出电压 U_i(稳压器输入电压)及输出电压 U_o。调节电位器 R_W,观察 U_o 的大小和变化情况,如果 U_o 能跟随 R_W 线性变化,说明稳压电路各反馈环路工作基本正常;否则,说明稳压电路有故障。因为稳压器是一个深负反馈的闭环系统,只要环路中任一个环节出现故障(某管截止或饱和),稳压器就会失去自动调节功能。此时可分别检查基准电压 U_Z、输入电压 U_i、输出电压 U_o 以及比较放大器和调整管各电极的电位(主要是 U_{BE} 和 U_{CE}),分析它们的工作状态是否都处于线性区,从而找出不能正常工作的原因。排除故障以后就可以进行下一步测试。

(2) 测量输出电压可调范围

接入负载 R_L(滑线变阻器)并调节 R_L,使输出电流 $I_o \approx 100$ mA。再调节电位器 R_W,测量输出电压可调范围 $U_{omin} \sim U_{omax}$,并且使 R_W 动点在中间位置附近时 $U_o = 12$ V。若不满足要求,可适当调整 R_1、R_2 值。

(3) 测量各级静态工作点

调节电阻,得到输出电压 $U_o = 12$ V,输出电流 $I_o = 100$ mA,测量各级静态工作点,记入表 2-14-2 中。

表 2-14-2　$U_2 = 16$ V　$U_o = 12$ V　$I_o = 100$ mA

	VT_1	VT_2	VT_3
U_B/V			
U_C/V			
U_E/V			

(4) 测量稳压系数 S

取 $I_o = 100$ mA,按表 2-14-3 改变整流电路输入电压 U_2(模拟电网电压波动),分别测出相应的稳压器输入电压 U_i 及直流输出电压 U_o,记入表 2-14-3 中。

(5) 测量输出电阻 R_o

取 $U_2 = 16$ V,改变滑动变阻器位置,使 I_o 分别为空载、50 mA 和 100 mA,测量相应的 U_o 值,记入表 2-14-4 中。

表 2-14-3　$I_o=100$ mA

测量值		计算值
I_o/mA	U_o/V	R_o/Ω
14		$S_{12}=$
16	12	
18		$S_{12}=$

表 2-14-4　$I_o=100$ mA

测量值		计算值
I_o/mA	U_o/V	R_o/Ω
空载		$R_{o12}=$
20	12	
100		$R_{o23}=$

(6) 测量输出纹波电压

取 $U_2=16$ V, $U_o=12$ V, $I_o=100$ mA, 测量输出纹波电压 $\tilde{U}_o$, 并做记录。

(7) 调整过流保护电路

① 断开工频电源, 接上保护回路, 再接通工频电源, 调节 R_W 及 R_L, 使 $U_o=12$ V, $I_o=100$ mA, 此时保护电路应不起作用。测出 VT_3 管各极的电位值。

② 逐渐减小 R_L, 使 I_o 增加到 120 mA, 观察 U_o 是否下降, 并测出保护电路起作用时 VT_3 管各极的电位值。若保护作用过早或滞后, 可改变 R_6 值进行调整。

③ 用导线瞬时短接一下输出端, 测量 U_o 值, 然后去掉导线, 检查电路是否能自动恢复正常工作。

五、实验报告要求

1. 对表 2-14-1 所测结果进行全面分析, 总结桥式整流、电容滤波电路的特点。

2. 根据表 2-14-3 和表 2-14-4 所测数据, 计算稳压电路的稳压系数 S 和输出电阻 R_o, 并进行分析。

3. 分析讨论实验中出现的故障及其排除方法。

六、实验预习要求

1. 复习教材中有关分立元件稳压电源部分内容, 并根据实验电路参数估算 U_o 的可调范围及 $U_o=12$ V 时 VT_1 和 VT_2 管的静态工作点 (假设调整管的饱和压降 $U_{CE1S}\approx 1$ V)。

2. 说明图 2-14-2 中 U_2、U_i、U_o 及 $\tilde{U}_o$ 的物理意义, 并从实验仪器中选择合适的测量仪表。

3. 在桥式整流电路实验中, 能否用双踪示波器同时观察 u_2 和 u_L 的波形, 为什么?

4. 在桥式整流电路中, 某个二极管发生开路、短路或反接三种情况时, 分别会出现什么问题?

5. 为了使稳压电源的输出电压 $U_o=12$ V, 则其输入电压的最小值 $U_{1\min}$ 应等于多少? 交流输入电压 $U_{2\min}$ 又怎样确定?

6. 当稳压电源输出不正常或输出电压 U_o 不随取样电位器 R_W 而变化时, 应如何进行检查, 找出故障所在?

7. 分析保护电路的工作原理。

8. 怎样提高稳压电源的性能指标 (减小 S 和 R_o)?

第三部分
数字电子技术实验

实验一 TTL 与非门参数的测试

一、实验目的

1. 掌握 TTL 与非门主要参数的测试方法。
2. 掌握 TTL 与非门电压传输特性的测试方法。
3. 掌握 TTL 器件的使用规则,熟悉集成元器件引脚排列特点。

二、实验设备与器件

1. DZX-2B 型电子学综合实验装置。
2. YB4320A 型双踪四迹示波器。
3. 74LS00 集成二输入端四与非门 1 块。
4. 电阻、电位器导线若干。

三、实验原理

TTL 集成与非门是数字电路中广泛使用的一种基本逻辑门,使用时必须对它的逻辑功能、主要参数和特性曲线进行测试,以确定其性能优劣。

本实验采用 TTL 集成元器件 74LS00 与非门进行测试。它是一个二输入端四与非门,采用双列直插式封装,逻辑表达式为 $Y = \overline{A \cdot B}$,其逻辑符号及引脚排列如图 3-1-1 所示。

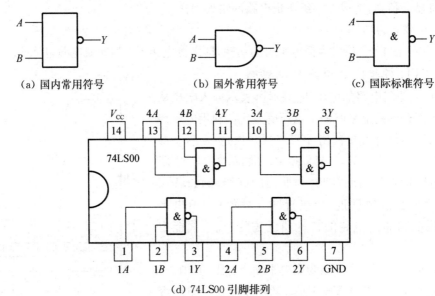

图 3-1-1 与非门的逻辑符号及 74LS00 的引脚排列

1) TTL 与非门的主要参数

(1) 输出高电平 V_{OH} 和输出低电平 V_{OL}

V_{OH} 是与非门一个以上的输入端接低电平或接地时输出电压的大小。此时门电路处于截止状态。如输出端空载，V_{OH} 必须大于标准高电平（$V_{SH}=2.4$ V），一般在 3.6 V 左右。当输出端接有拉电流负载时，V_{OH} 将降低。

V_{OL} 是与非门的所有输入端均接高电平时输出电压的大小。此时门电路处于导通状态。如输出端空载，V_{OL} 必须低于标准低电平（$V_{SL}=0.4$ V），约为 0.1 V。当输出端接有灌电流负载时，V_{OL} 将上升。

(2) 低电平输入电流 I_{IL}

I_{IL} 是当与非门的一个输入端接地而其他输入端悬空时输入端流向接地端的电流，又称为输入短路电流。I_{IL} 的大小关系到前一级门电路能带动负载的个数。

(3) 高电平输入电流 I_{IH}

I_{IH} 是当与非门的一个输入端接高电平而其他输入端接地时流过接高电平输入端的电流，又称为交叉漏电流。它主要作为前级门输出为高电平时的拉电流。当 I_{IH} 太大时，因为"拉出"电流太大，会使前级门的输出高电平降低。

(4) 输入开门电平 V_{ON} 和输入关门电平 V_{OFF}

V_{ON} 是与非门输出端接额定负载时，使输出处于低电平状态所允许的最小输入电压。换句话说，为了使与非门处于导通状态，输入电平必须大于 V_{ON}。

V_{OFF} 是使与非门输出处于高电平状态所允许的最大输入电压。

(5) 扇出系数 N_O

N_O 是说明输出端负载能力的一项参数，它表示驱动同类型门电路的数目。N_O 的大小主要受输出低电平时输出端允许灌入的最大电流的限制，如灌入负载电流超出该数值，输出低电平将显著抬高，造成下一级逻辑电路的错误动作。

(6) 空载导通功耗 P_{ON}

P_{ON} 是静态工作、输出为低电平时的功耗，即电源电压 V_{CC} 和导通电源电流 I_{CCL} 的乘积。

2) TTL 与非门的电压传输特性

TTL 与非门电路的电压传输特性，表示输入电压从零电平逐渐升到高电平时输出电压的变化。利用电压传输特性曲线不仅可直接读出 TTL 与非门的主要静态参数，如 V_{OH}、V_{OL}、V_{ON}、V_{OFF}、V_{NH} 和 V_{NL}（如图 3-1-2 所示），还可以检查和判断 TTL 与非门的好坏，例如，V_{ON} 和 V_{OFF} 两个数值越靠近，越接近同一数值（阈值电平 V_T），就说明与非门电路的特性曲线越陡，抗干扰能力越强。

如图 3-1-2 所示，V_{NH} 为高电平噪声容限，其值为：$V_{NH}=V_{SH}-V_{ON}=2.4$ V$-V_{ON}$。V_{NL} 为低电平噪声容限，其值为：$V_{NL}=V_{OFF}-V_{SL}=V_{OFF}-0.4$ V。

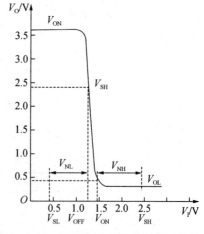

图 3-1-2　TTL 与非门的电压传输特性

3）平均传输延迟时间 t_{pd}

t_{pd}是衡量门电路开关速度的参数，原因是输出电压对输入电压有一定的时间延迟，t_{pd}等于导通时间和截止时间的平均值。

由于 TTL 门电路的延迟时间较短，直接测量时对信号发生器和示波器的性能要求较高，故实验中一般通过测量由奇数个与非门组成的环形振荡器的振荡周期 T 来求得。其工作原理是：假设电路在接通电源后的某一瞬间，电路中 A 点为逻辑"1"，经过三级门的延时后，使 A 点由原来的逻辑"1"变为逻辑"0"；再经过三级门的延时后，A 点的电平又重新变为逻辑"1"，电路的其他各点的电平也随之变化。这说明要使 A 点发生一个周期的振荡，必须经过六级门的延迟时间。因此平均传输延迟时间为

$$t_{pd} = \frac{1}{6} T$$

四、实验内容与方法

将 74LS00 芯片正确插入插座（注意：缺口向左），插紧。清点并检测所需导线及各器件性能，若发现异常应及时报告。

1）测量 TTL 与非门的各项参数

（1）按图 3-1-3 和图 3-1-4 连接实验电路，分别测量 74LS00 在带负载和开路两种情况下的输出高电平 V_{OH} 和输出低电平 V_{OL}，记入表 3-1-1 中。

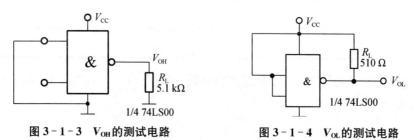

图 3-1-3 V_{OH} 的测试电路   图 3-1-4 V_{OL} 的测试电路

表 3-1-1 74LS00 的输出电平测量

带负载		开路	
V_{OH}/V	V_{OL}/V	V_{OH}/V	V_{OL}/V

（2）测量输入开门电平 V_{ON} 和关门电平 V_{OFF}。

与非门输入端之中的任何一个接低电平时的输出电平为输出高电平 V_{OH}。当输出电压为额定输出高电平 V_{OH} 的 90% 时，相应的输入电平称为输入关门电平 V_{OFF}。V_{OFF} 的测量电路如图 3-1-5 所示，将电路的一个输入端与地之间接入 0.8 V 电压，其余输入端开路，输出接规定负载 $R_L[R_L = V_{OH}/NI_{IN} = 3.2/(8 \times 50 \times 10^{-6})\Omega = 8\,000\,\Omega = 8\,k\Omega$，取 10 kΩ]，测出 V_{OH}。改变 10 kΩ 电位器，由 0 V 逐渐增大输入电压，当 V_{OH} 下降至原来的 90% 时，测得的

输入电压即为 V_{OFF}。

与非门输入端全部接高电平时的输出电平为输出低电平 V_{OL}。使与非门处于导通状态的最低输入电平称为输入开门电平 V_{ON}。V_{ON} 的测量电路如图 3-1-6 所示,将输入端接 3.2 V 电压(最低输出高电平),输出端接规定负载 R_L [$R_L = (V_{CC} - V_{OL})/NI_{IS} = (5-0.3)/(8 \times 1.2 \times 10^{-3}) \Omega \approx 500 \, \Omega$],测出 V_{OL}。由 3.2 V 逐渐降低输入电压,测出使 V_{OL} 保持不变的最低输入电压,即 V_{ON}。

将以上测量结果记入表 3-1-2 中。

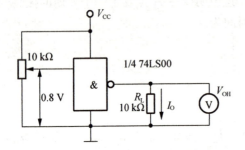 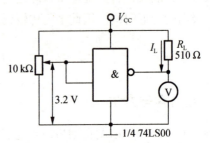

图 3-1-5 V_{OFF} 和 V_{OH} 的测试电路　　　图 3-1-6 V_{ON} 和 V_{OL} 的测试电路

表 3-1-2 输入开门电平和输入关门电平

V_{OH}/V	V_{OFF}/V	V_{OL}/V	V_{ON}/V

(3) 按图 3-1-7 和图 3-1-8 连接实验电路,测量低电平输入电流 I_{IL} 和高电平输入电流 I_{IH},记入表 3-1-3 中。

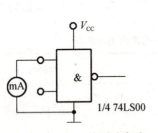 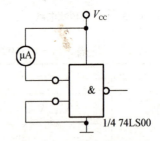

图 3-1-7 I_{IL} 的测试电路　　　图 3-1-8 I_{IH} 的测试电路

表 3-1-3 高、低电平下的输入电流值

I_{IL}/mA	I_{IH}/mA

(4) 测量扇出系数 N_O。按图 3-1-9 连接实验电路,调节 R_{PL} 的值,使输出电压 $V_{OL} =$

0.3 V,测出此时的 I_{OL},然后由公式 $N_O = \dfrac{I_{OL}}{I_{IL}}$ 求得 N_O,记入表 3-1-4 中。

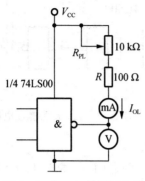

图 3-1-9 N_O 的测试电路

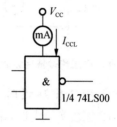

图 3-1-10 P_{ON} 的测试电路

表 3-1-4 扇出系数测量

V_{OL}/V	I_{OL}/mA	I_{IL}/mA	N_O

（5）按图 3-1-10 连接实验电路,测量空载导通功耗 P_{ON},记入表 3-1-5 中。

表 3-1-5 空载导通功耗测量

V_{CC}/V	I_{CCL}/mA	P_{ON}/mW

*2）测试电压传输特性

本实验采用逐点描绘法来测绘与非门的电压传输特性曲线,测试电路如图 3-1-11 所示。改变 R_P,使 V_I 由小到大,读出相应的 V_O 值,根据曲线特点,测出若干点,记入表 3-1-6 中。注意,在 V_O 由高电平变到低电平的过程中要多测几个点,以画好曲线。

表 3-1-6 电压传输特性测试

V_I/V	0.1	0.2	0.3	0.4	0.5	0.6	0.7	0.8	0.9	1.0	1.1
V_O/V											
V_I/V	1.15	1.20	1.22	1.24	1.26	1.28	1.30	1.35	1.40	1.45	1.50
V_O/V											
V_I/V	1.60	1.70	1.80	1.90	2.00	2.5	3.0	3.5	4.0	4.5	5.0
V_O/V											

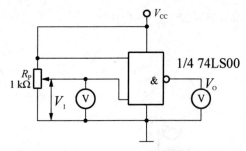
图 3-1-11 与非门电压传输特性测试电路

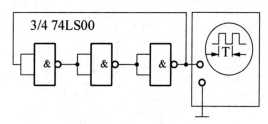
图 3-1-12 t_{pd} 的测试电路

*3）测量平均传输延迟时间 t_{pd}

按图 3-1-12 连接实验电路，用示波器观察由三个与非门组成的环形振荡器的输出波形周期（注意：$t_{pd}=T/6$），将数据记入表 3-1-7 中。

表 3-1-7　平均传输延迟时间测量

T/ns	t_{pd}/ns

五、实验报告要求

1. 列表记录、整理数据，并对结果进行分析。

2. 根据实验数据画出传输特性曲线，试在曲线上标出 V_{OH}、V_{OL}、V_{ON}、V_{OFF}，计算 V_{NH} 和 V_{NL}。

六、实验预习要求

1. 了解 TTL 与非门主要参数的定义和意义。

2. 熟悉各测试电路，了解测试原理及测试方法。

3. 熟悉 TTL 与非门 74LS00 的引脚排列。

4. 预先设计实验电路，自拟实验步骤和数据表格。

七、思考题

1. TTL 集成电路电源电压的范围是多少？

2. 扇出系数计算公式 $N_O=I_{OL}/I_{IL}$ 中可以用 I_{IH} 替代 I_{IL} 吗？

3. TTL 电路多余的输入端应如何处理？为什么？

4. 与非门输入端悬空为什么可以看成逻辑"1"？

5. 各门的输出端是否可以连起来用，以实现线与？如果想实现线与，应用什么门电路？

6. 请查阅有关资料，对 TTL 器件和 CMOS 器件的性能作一比较。

实验二　基本门电路逻辑功能的测试

一、实验目的

1. 熟悉主要门电路的逻辑功能。
2. 掌握基本门电路逻辑功能的测试方法。

二、实验设备与器件

1. DZX－2B 型电子学综合实验装置。
2. 集成芯片 74LS00、74LS02、74LS04、74LS20、74LS54。

三、实验原理

1）集成电路芯片介绍

主要的门电路包括与非门、或非门和与或非门，它们在数字电路中被广泛应用。无论大规模集成电路多么复杂，但内部也还是由这些基本门电路构成，因此熟悉它们的功能十分重要。

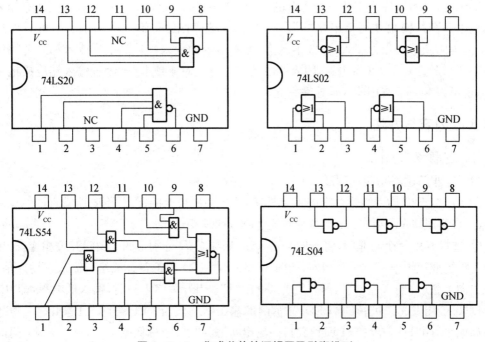

图 3-2-1　集成芯片的逻辑图及引脚排列

数字电路实验中所用到的集成芯片多为双列直插式，其引脚识别方法是：正对集成电路型号或看标记(左边的缺口或小圆点标记),从左下角开始按逆时针方向以 1,2,3,…依次排列到最后一脚。在标准型 TTL 集成电路中,电源端 V_{CC} 一般排在左上端,接地端(GND)一般排在右下端,如 74LS00。若集成芯片引脚上的功能标号为 NC,则表示该引脚为空脚,与内部电路不连接。本实验采用的芯片是 74LS00 二输入端四与非门、74LS20 四输入端二与非门、74LS02 二输入端四或非门、74LS04 六非门、74LS54 双二双三输入端与或非门,各芯片的逻辑图及引脚排列见图 3-2-1[74LS00 的逻辑图及引脚排列见实验一中的图 3-1-1(d)]。

2) 逻辑表达式

非门

$$Y=\overline{A} \qquad (3-2-1)$$

二输入端与非门

$$Y=\overline{A \cdot B} \qquad (3-2-2)$$

四输入端与非门

$$Y=\overline{A \cdot B \cdot C \cdot D} \qquad (3-2-3)$$

或非门

$$Y=\overline{A+B} \qquad (3-2-4)$$

对于与非门,其输入中任一个为低电平"0"时,输出便为高电平"1"。只有当所有输入都为高电平"1"时,输出才为低电平"0"。对于 TTL 逻辑电路,输入端如果悬空可看作逻辑"1"。但为防止干扰信号引入,一般不悬空,可将多余的输入端接高电平或者和一个有用输入端连在一起。对于 MOS 电路,输入端不允许悬空。对于或非门,闲置输入端应接地或低电平,也可以和一个有用输入端连在一起。

四、实验内容与方法

1) 逻辑功能测试

(1) 与非门逻辑功能的测试

① 将 74LS20 插入实验台上的 14P 插座,注意集成块上的标记,不要插错。

② 将集成块 V_{CC} 端与+5 V 电源相连,GND 与地相连。

③ 选择其中一个与非门,将其四个输入端 A、B、C、D 分别与四个逻辑开关相连,输出端 Y 与逻辑笔或逻辑电平显示器相连,如图 3-2-2 所示。用逻辑开关给门输入端输入信号,当开关向上拨时,输入高电平,即"H"或二进制"1";当开关向下拨时,输入低电平,即"L"或二进制"0"。用发光二极管(即 LED)显示门的输出状态。当 LED 亮时,门输出状态为"1",或称高电平,用"H"表示;当 LED 暗时,门输出状态为"0",或称低电平,用"L"表示。门的输出状态也可用电压表或逻辑笔测试。根据表 3-2-1 中输入端的不同状态组合,分别测出输出端的相应状态,并将结果填入其中。

表 3-2-1 与非门逻辑功能测试

输入端				输出端	
A	B	C	D	LED	Y
1	1	1	1		
0	1	1	1		
0	0	1	1		
0	0	0	1		
0	0	0	0		

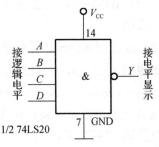

图 3-2-2 1/2 74LS20 接线图

(2) 或非门逻辑功能的测试

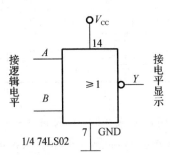

图 3-2-3 1/4 74LS02 接线图

表 3-2-2 或非门逻辑功能测试

输入端		输出端	
A	B	LED	Y
0	0		
0	1		
1	0		
1	1		

将 74LS02 集成芯片按照前述方法插入实验台的 14P 插座,选择其中一个或非门,将其输入端与逻辑电平相连,输出端与逻辑电平显示器相连,如图 3-2-3 所示。根据表 3-2-2 中输入端的不同状态组合,分别测出输出端的相应状态,并将结果填入其中。

(3) 与或非门逻辑功能的测试

将 74LS54 集成芯片按照前述方法插入实验台的 14P 插座,将其输入端 1、2、12、13 分别与四个逻辑电平相连,其余输入端接地(不允许输入端悬空),输出端与逻辑电平显示器相连,如图 3-2-4 所示。根据表 3-2-3 中输入端的不同状态组合,分别测出输出端的相应状态,并将结果填入其中。

表 3-2-3 与或非门逻辑功能测试

输入端					输出端	
3、4、5、9、10、11	1	2	12	13	LED	6
0	1	0	1	0		
0	1	1	1	0		
0	1	1	0	0		
0	1	0	1	1		
0	0	0	1	1		
0	0	0	0	1		

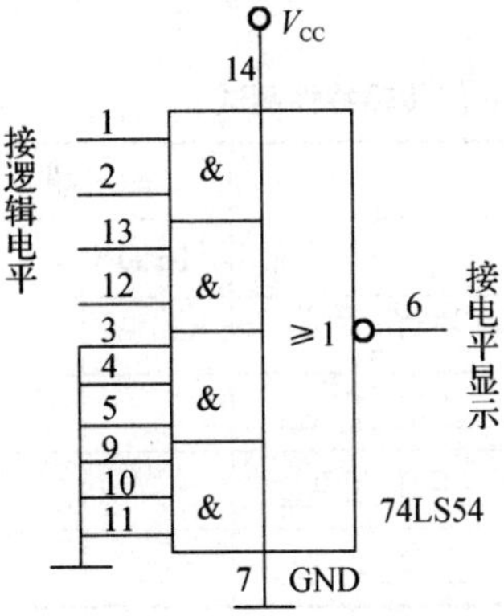

图 3-2-4 74LS54 接线图

*(4) 采用同样的方法测试 74LS00、74LS04 的逻辑功能。画出实验电路图,并自拟表格记录数据。

2) 传输性能和控制功能的测试

参照图 3-2-5,从 74LS00 芯片中选取一个二输入端与非门,输入端 A 接频率为 1 Hz 的脉冲信号,输入端 B 接逻辑电平开关,输出端 Y 接双踪示波器。用双踪示波器同时观察输入端 A 的脉冲波形和输出端 Y 的波形,并注意两者之间的相位关系。按表 3-2-4 的要求进行测试,并将结果填入表中。

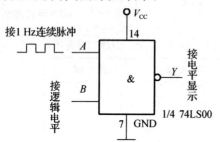

表 3-2-4 与非门传输特性测试

输入端		输出端	
A	B	LED	Y
⊓⊔	0		
⊓⊔	1		

图 3-2-5 与非门传输特性测试接线图

参照图 3-2-6,从 74LS02 芯片中选取一个二输入端或非门,输入端 A 接频率为 1 Hz 的脉冲信号,输入端 B 接逻辑电平开关,输出端 Y 接示波器,将测试结果填入表 3-2-5 中。

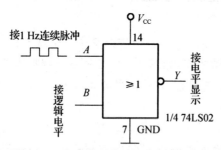

表 3-2-5 或非门传输特性测试

输入端		输出端	
A	B	LED	Y
⊓⊔	0		
⊓⊔	1		

图 3-2-6 或非门传输特性测试接线图

参照图 3-2-7,将 74LS54 集成芯片的输入端 2、12、13 分别与三个逻辑电平相连,输入端 1 接频率为 1 Hz 的脉冲信号,其余输入端接地(不允许输入端悬空),输出端与逻辑电平显示器相连。按表 3-2-6 的要求进行测试,并将结果填入表中。

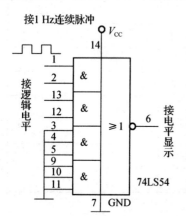

表 3-2-6 与或非门传输特性测试

输入端				输出端	
3、4、5、9、10、11	13、12	2	1	LED	6
0	0	0	⊓⊔		
0	1	0	⊓⊔		
0	0	1	⊓⊔		
0	1	1	⊓⊔		

图 3-2-7 与或非门传输特性测试接线图

五、实验报告要求

1. 画出规范的测试电路图及各个表格。
2. 记录测试所得数据,并对结果进行分析。
3. 简述与非门、或非门闲置脚的处理办法。
4. 试写出 74LS54 集成电路的逻辑表达式。

六、实验预习要求

1. 自行设计实验电路和实验表格。
2. 了解所用器件的功能及其引脚排列。

七、思考题

1. 与非门一个输入端接连续脉冲,其余输入端是什么状态时允许脉冲通过,是什么状态时禁止脉冲通过?
2. 为什么异或门又称可控反相门?

实验三 组合逻辑电路

一、实验目的

1. 了解简单组合电路的逻辑功能。
2. 掌握组合逻辑电路的设计与测试方法。

二、实验设备与器件

1. DZX－2B 型电子学综合实验装置。
2. 74LS00（或 CC4011）、74LS20（CC4012）。

三、实验原理

通常逻辑电路可分为组合逻辑电路和时序逻辑电路两大类。在任何时刻，电路输出状态只取决于同一时刻各输入状态的组合，而与先前的状态无关的逻辑电路称为组合逻辑电路。

1）组合逻辑电路的分析步骤

(1) 由逻辑图写出输出端的逻辑表达式；

(2) 列出真值表；

(3) 对真值表进行分析，确定电路功能。

2）组合逻辑电路的设计步骤

在实际运用中，常常需要将一些基本的门电路按一定的方式组合在一起，来实现某一电路的逻辑关系，即组合逻辑电路的设计。组合逻辑电路设计的一般步骤如下：

(1) 根据设计任务列出真值表；

(2) 根据真值表写出逻辑表达式；

(3) 对逻辑表达式进行化简；

(4) 根据所用逻辑门的类型将化简后的逻辑表达式整理成符合要求的形式；

(5) 根据整理后的逻辑表达式画出逻辑图；

(6) 根据逻辑图装接实验电路，测试其逻辑功能并加以修正。

组合逻辑电路一般的设计过程如图 3－3－1 所示。

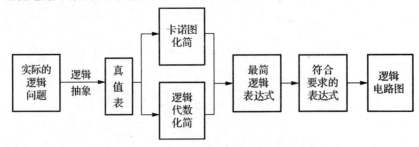

图 3－3－1 组合逻辑电路设计过程框图

设计过程中,要注意最简原则,最简指电路所用器件数量最少,器件的种类最少,而且器件之间的连线也最少。

四、实验内容与方法

1)测量组合逻辑电路的逻辑关系

(1)根据图3-3-2,用74LS00和74LS20组成一个多数"1"的鉴别电路,将输入端A、B和C分别接逻辑电平,输出端Y接逻辑笔或电平显示。

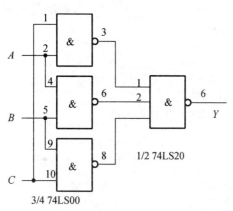

图3-3-2 多数"1"鉴别电路

表3-3-1 多数"1"鉴别电路真值表

输入端			输出端
A	B	C	Y
0	0	0	
0	0	1	
0	1	0	
0	1	1	
1	0	0	
1	0	1	
1	1	0	
1	1	1	

将测得的输出结果填入表3-3-1中。根据测得的逻辑电路真值表写出逻辑表达式。

(2)根据图3-3-3,用74LS00和74LS20组成一个异或门电路,将输入端A和B分别接逻辑电平,输出端Y接逻辑笔或电平显示。

(3)将测得的输出结果填入表3-3-2中。根据测得的逻辑电路真值表,写出逻辑表达式。

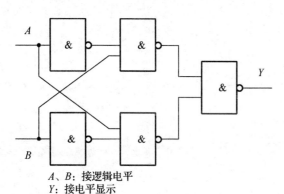

图3-3-3 与非门组成的异或门电路

表3-3-2 异或门电路真值表

输入端		输出端
A	B	Y
0	0	
0	1	
1	0	
1	1	

2) 用与非门组成其他逻辑门电路,并测试其逻辑功能

(1) 与门电路

写出用与非门组成的与门逻辑表达式:$Y=$ _____,画出其逻辑电路,并测试电路的逻辑功能,填入自拟的表格中。(同表 3-3-2)

(2) 或门电路

写出用与非门组成的或门逻辑表达式:$Y=$ _____,画出其逻辑电路,并测试电路的逻辑功能,填入自拟的表格中。(同表 3-3-2)

(3) 异或门电路

写出用四个与非门组成的异或门逻辑表达式:$Y=$ _____ ,画出其逻辑电路,并测试电路的逻辑功能,填入自拟的表格中。(同表 3-3-2)

五、实验报告要求

1. 描述出实验任务的设计全过程,画出设计电路图。
2. 详细记录实验测试结果,并说明实验中出现问题的处理方法。
3. 总结使用双列直插型与非门的经验。

六、实验预习要求

1. 熟悉门电路工作原理及相应的逻辑表达式。
2. 熟悉数字集成块的引线位置及引线用途。
3. 预习组合逻辑电路的分析与设计步骤。

实验四　半加器和全加器

一、实验目的

1. 掌握组合逻辑电路的分析和设计方法。
2. 验证半加器、全加器的逻辑功能。
3. 分析四位二进制全加器 74LS83A 的逻辑功能。

二、实验设备与器件

1. DZX-2B 型电子学综合实验装置。
2. 74LS00（二输入端四与非门）、74LS86（二输入端四异或门）、74LS83（四位二进制全加器）、74LS54（双二双三输入端与或非门）。

三、实验原理

使用中、小规模集成门电路分析和设计组合逻辑电路是数字逻辑电路设计的任务之一。本实验包含半加器、全加器的逻辑设计和逻辑功能测试，通过实验要求熟练掌握组合逻辑电路的分析和设计方法。实验中使用的二输入端四异或门芯片的型号为 74LS86，四位二进制全加器的型号为 74LS83A，其引脚排列及逻辑图如图 3-4-1 所示。

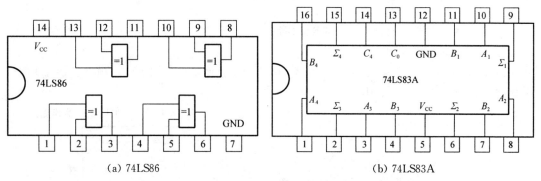

(a) 74LS86　　　　　　　　(b) 74LS83A

图 3-4-1　74LS86 和 74LS83A 的逻辑图及引脚排列

74LS83A 是一个内部超前进位的高速四位二进制串行进位全加器，它接收两个四位二进制数（$A_1 \sim A_4$，$B_1 \sim B_4$）和一个进位输入（C_0），并对每一位产生二进制和（$\Sigma_1 \sim \Sigma_4$）输出，还有从最高有效位（第四位）产生的进位输出（C_4）。该组件有越过所有四个位产生内部超前进位的特点，提高了运算速度。另外，它不需要对逻辑电平反相，就可以实现循环进位。

四、实验内容与方法

1) 用与非门组成半加器

设计用纯与非门组成的半加器，如图 3-4-2 所示，分析、验证其逻辑功能，将测试数据记入表3-4-1中。

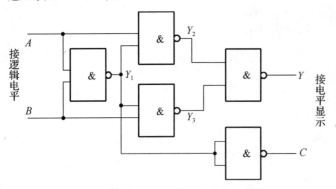

图3-4-2 与非门组成的半加器

表3-4-1 半加器逻辑功能测试

输入		逐级输出			
A	B	Y_1	Y_2	Y_3	C
0	0				
0	1				
1	0				
1	1				

$Y_1=$
$Y_2=$
$Y_3=$
$Y=$
$C=$

2) 用异或门和与非门组成半加器

设计用异或门和与非门组成的半加器,如图3-4-3所示,测试其逻辑功能,将测试结果记入表3-4-2中。

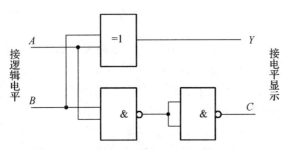

图3-4-3 异或门和与非门组成的半加器

表3-4-2 半加器逻辑功能测试

输入		输出	
A	B	C	Y
0	0		
0	1		
1	0		
1	1		

3) 用基本门电路组成全加器

设计用74LS54、74LS86、74LS00组成的全加器,如图3-4-4所示,测试其逻辑功能,将测试结果记入表3-4-3中。

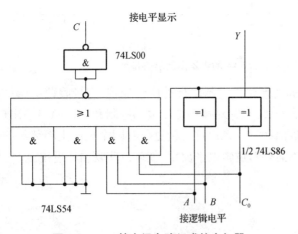

图3-4-4 基本门电路组成的全加器

表3-4-3 全加器逻辑功能测试

输入			输出	
A	B	C_0	Y	C
0	0	0		
0	1	0		
1	0	0		
1	1	0		
0	0	1		
0	1	1		
1	0	1		
1	1	1		

4) 分析四位二进制全加器 74LS83A 的逻辑功能

按图 3-4-5 连接实验电路,测试 74LS83A 的逻辑功能,将测试结果记入表 3-4-4 中。

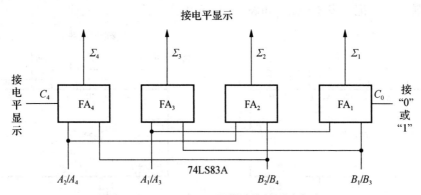

图 3-4-5 74LS83A 逻辑功能的测试电路

表 3-4-4 74LS83A 逻辑功能测试

输入				输出								
				$C_0=0$				$C_0=1$				
B_2/B_4	A_2/A_4	B_1/B_3	A_1/A_3	Σ_1	Σ_2	Σ_3	Σ_4	C_4	Σ_1	Σ_2	Σ_3	Σ_4	C_4
0	0	0	0										
0	0	0	1										
0	0	1	0										
0	0	1	1										
0	1	0	0										
0	1	0	1										
0	1	1	0										
0	1	1	1										
1	0	0	0										
1	0	0	1										
1	0	1	0										
1	0	1	1										
1	1	0	0										
1	1	0	1										
1	1	1	0										
1	1	1	1										

*5）用加法器 74LS83A 实现 BCD 码和余三码之间的相互转换

BCD 码至余三码的转换是采用加 3(0011)来完成的,电路如图 3-4-6 所示;余三码至 BCD 码的转换是采用减 3,实际上是加 3 的二进制补码(1101)来完成的,电路如图 3-4-7 所示。将转换结果记入表 3-4-5 和表 3-4-6 中。

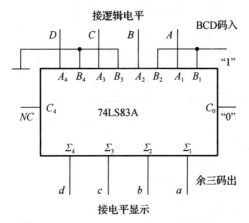
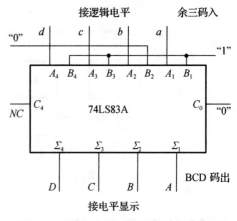

图 3-4-6 BCD 码至余三码转换的电路 　　图 3-4-7 余三码至 BCD 码转换的电路

表 3-4-5 BCD 码至余三码的转换

十进制数	输入 BCD 码				输出 余三码			
	D	C	B	A	d	c	b	a
0	0	0	0	0				
1	0	0	0	1				
2	0	0	1	0				
3	0	0	1	1				
4	0	1	0	1				
5	0	1	0	1				
6	0	1	1	0				
7	0	1	1	1				
8	1	0	0	0				
9	1	0	0	1				

表 3-4-6 余三码至 BCD 码的转换

十进制数	输入 余三码				输出 BCD 码			
	d	c	b	a	D	C	B	A
0	0	0	1	1				
1	0	1	0	0				
2	0	1	0	1				
3	0	1	1	0				
4	0	1	1	1				
5	1	0	0	0				
6	1	0	0	1				
7	1	0	1	0				
8	1	0	1	1				
9	1	1	0	0				

五、实验报告要求

1. 分析半加器、全加器的逻辑功能。
2. 列出逻辑电路的设计过程,画出设计的逻辑电路图。
3. 整理实验报告数据、图表,对实验结果进行分析和讨论。

4. 总结组合逻辑电路的分析方法。
5. 总结四位二进制全加器的使用方法。

六、实验预习要求

根据实验要求设计电路,画出设计的逻辑电路图。

七、思考题

1. 使用中、小规模集成门电路设计组合逻辑电路的一般方法是什么?
2. 设计一个四位奇偶校验器电路(奇数个"1"时,输出为"1"),要求用异或门实现。

实验五 数码比较器

一、实验目的

1. 设计一个数码比较器,并测试其功能的正确性。
2. 测试集成数码比较器 74LS85 的逻辑功能。

二、实验设备与器件

1. 74LS00 二输入端四与非门 1 块。
2. 74LS86 二输入端四异或门 1 块。
3. 74LS85 四位数码比较器 1 块。
4. 74LS02 二输入端四或非门 1 块。

三、实验原理

74LS85 是四位二进制数比较器,其引脚排列如图 3-5-1 所示。

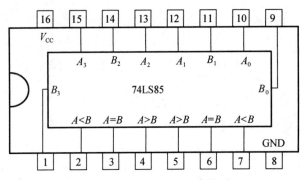

图 3-5-1 74LS85 引脚排列

74LS85 有 8 个数码输入端(A_3、A_2、A_1、A_0、B_3、B_2、B_1、B_0)、3 个输出端($A>B$、$A=B$、$A<B$)和 3 个级连输入端($A>B$、$A=B$、$A<B$),其中 3 个级连输入端供各片集成电路之间联用。

比较器的比较方法是先比较两数的最高位,如果最高位相等,则必须比较下一位来决定两数的大小,以下几位依此类推。

四、实验内容与方法

1) 设计一位无符号二进制数比较器

设计一个对两个一位无符号的二进制数进行比较的电路,根据第一个数是否大于、等于或小于第二个数,使相应的三个输出端中的一个为"1",其他均为"0"。本实验要求用与非门和或非门实现,实验电路如图3-5-2所示。测试该比较器的逻辑功能,将测试结果记入表3-5-1中。

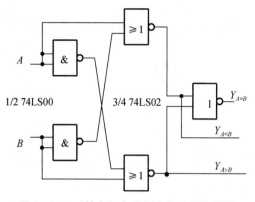

表3-5-1 一位比较器逻辑功能测试

输入端		输出		
A	B	$Y_{A=B}$	$Y_{A>B}$	$Y_{A<B}$
0	0			
0	1			
1	0			
1	1			

图3-5-2 基本门电路组成的一位比较器

2)测试集成数码比较器74LS85的逻辑功能

74LS85的接线如图3-5-3所示,测试其逻辑功能,将测试结果记入表3-5-2中。

表3-5-2 74LS85逻辑功能测试

比较输入				扩展输入 I			输出 Y		
A_3、B_3	A_2、B_2	A_1、B_1	A_0、B_0	$I_{A>B}$	$I_{A=B}$	$I_{A<B}$	$Y_{A>B}$	$Y_{A=B}$	$Y_{A<B}$
$A>B$	×	×	×	×	×	×			
$A<B$	×	×	×	×	×	×			
$A=B$	$A>B$	×	×	×	×	×			
$A=B$	$A<B$	×	×	×	×	×			
$A=B$	$A=B$	$A>B$	×	×	×	×			
$A=B$	$A=B$	$A<B$	×	×	×	×			
$A=B$	$A=B$	$A=B$	$A>B$	×	×	×			
$A=B$	$A=B$	$A=B$	$A<B$	×	×	×			
$A=B$	$A=B$	$A=B$	$A=B$	1	0	0			
$A=B$	$A=B$	$A=B$	$A=B$	0	1	0			
$A=B$	$A=B$	$A=B$	$A=B$	0	0	1			
$A=B$	$A=B$	$A=B$	$A=B$	×	1	×			
$A=B$	$A=B$	$A=B$	$A=B$	1	0	1			
$A=B$	$A=B$	$A=B$	$A=B$	0	0	0			

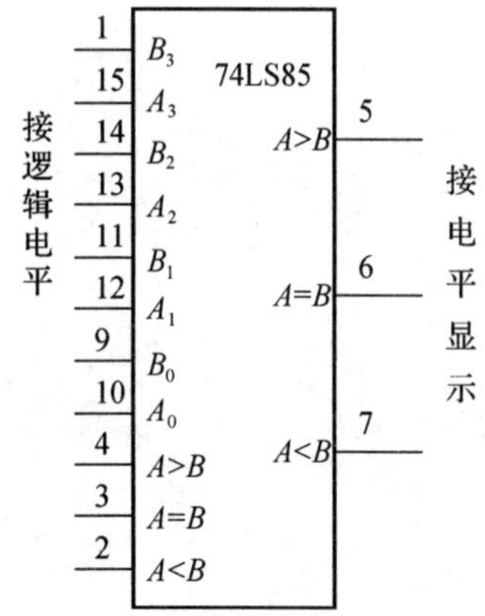

图3-5-3 74LS85接线图

*3)设计两位无符号二进制数比较电路

设计一个对两个两位无符号的二进制数进行比较的电路,根据第一个数是否大于、等于或小于第二个数,使相应的三个输出端中的一个为"1",其他均为"0"。

五、实验报告要求

1. 写出四位二进制数比较器 74LS85 输出端($A>B$、$A=B$、$A<B$)的逻辑表达式。
2. 分析讨论该实验。
3. 如何应用 74LS85 组成 24 位数码比较器？试画出逻辑图。

六、实验预习要求

1. 预习数码比较器相关内容。
2. 根据实验要求设计电路,画出设计的逻辑电路图,并画好记录实验数据的表格。

实验六　触 发 器

一、实验目的

1. 掌握基本 RS 触发器、JK 触发器和 D 触发器的逻辑功能。
2. 熟悉各触发器逻辑功能的测试方法。

二、实验设备与器件

(1) DZX-2B 型电子学综合实验装置。
(2) 74LS00(二输入端四与非门)。
(3) 74LS76(双 JK 触发器)。
(4) 74LS74(双 D 触发器)。

三、实验原理

触发器是具有记忆功能的二进制信息存储器件,是时序逻辑电路的基本单元。触发器具有两个稳定状态,即"0"和"1",在一定的外界信号作用下,可以从一个稳定状态翻转到另一个稳定状态。触发器按逻辑功能可分为基本 RS 触发器、JK 触发器、D 触发器和 T 触发器;按触发方式可分为主从型触发器和边沿型触发器。

1) 基本 RS 触发器

如图 3-6-1 所示为由两个与非门交叉耦合构成的基本 RS 触发器。基本 RS 触发器具有置"0"、置"1"和保持三种功能。通常称 $\overline{S}$ 为置"1"端,因为 $\overline{S}=0$ 时触发器被置"1";$\overline{R}$ 为置"0"端,因为 $\overline{R}=0$ 时触发器被置"0";当 $\overline{S}=\overline{R}=1$ 时状态保持。基本 RS 触发器也可以用两个或非门组成,此时为高电平触发器。

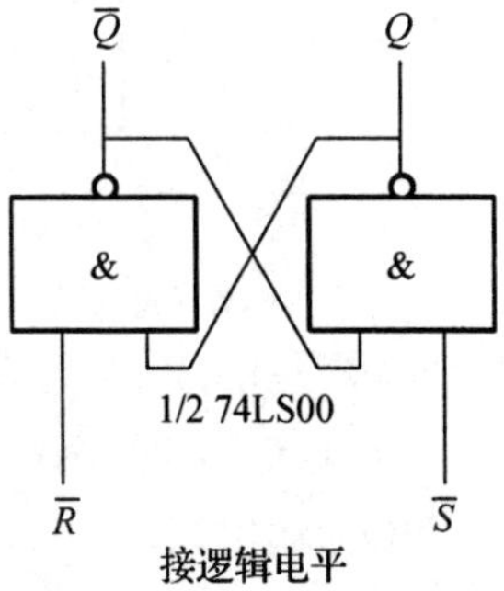

2) JK 触发器

本实验中采用的 74LS76 为下降沿触发的边沿型触发器,其特性方程为

$$Q^{n+1} = J\overline{Q^n} + \overline{K}Q^n$$

图 3-6-1　RS 触发器

其中,J 和 K 为数据输入端,是触发器状态更新的依据,若 J、K 有两个或两个以上的输入端时,组成"与"的关系。74LS76 的引脚排列如图 3-6-2 所示。

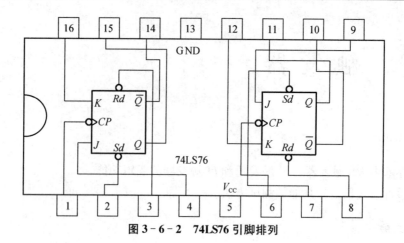

图 3-6-2　74LS76 引脚排列

3) D 触发器

D 触发器的特性方程为：$Q^{n+1} = D$。其状态的更新发生在 CP 脉冲的边沿，74LS74（CC4013）、74LS175（CC4042）等均为上升沿触发，故又称为上升沿触发的边沿型触发器，触发器的状态只取决于时针到来前 D 端的状态。D 触发器的应用很广，可用作数字信号的寄存器、移位寄存器、分频器和波形发生器等。74LS74 的引脚排列如图 3-6-3 所示。

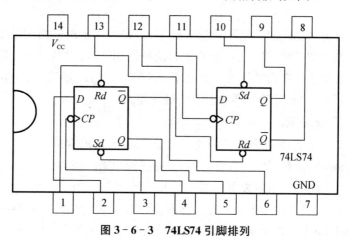

图 3-6-3　74LS74 引脚排列

4) T 触发器及其逻辑功能

T 触发器的逻辑符号如图 3-6-4 所示，其中 T 为信号输入端，CP 为时钟脉冲输入端，Q 和 $\overline{Q}$ 为输出端。

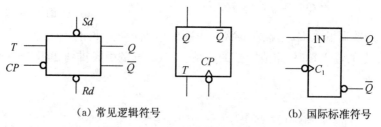

(a) 常见逻辑符号　　　　(b) 国际标准符号

图 3-6-4　T 触发器的逻辑符号

T 触发器的逻辑功能是:当 T=1 时,CP 脉冲下降沿到达后触发器发生翻转;当 T=0 时,在 CP 脉冲作用后,触发器仍保持原状态不变。

根据上述逻辑关系,可列出 T 触发器特性表,如表 3-6-1 所示。

由特性表可以写出其特性方程为:

$$Q^{n+1} = T\overline{Q^n} + \overline{T}Q^n = T \oplus Q^n$$

如果 T=1,则 T 触发器处于计数状态,每来一个 CP 脉冲,触发器状态就翻转一次。这种 T 触发器称为计数触发器,亦称 T' 触发器,其特性方程为:

$$Q^{n+1} = \overline{Q^n}$$

表 3-6-1 T 触发器特性表

T	Q^n	Q^{n+1}	功能
0	0	0	保持
0	1	1	保持
1	0	1	翻转
1	1	0	翻转

四、实验内容与方法

1) 测试基本 RS 触发器的逻辑功能

按图 3-6-5 连接实验电路,测试基本 RS 触发器的逻辑功能,将测试结果记入表 3-6-2 中。

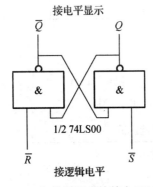

图 3-6-5 与非门组成的基本 RS 触发器

表 3-6-2 基本 RS 触发器逻辑功能测试

输入端		输出端		功能
$\overline{R}$	$\overline{S}$	Q	$\overline{Q}$	
0	0			
0	1			
1	0			
1	1			

2) 测试双 JK 触发器 74LS76 的逻辑功能

按图 3-6-6 接线,测试 S_d、R_d 的复位、置位功能,以及双 JK 触发器的逻辑功能,将测试结果记入表 3-6-3 中。

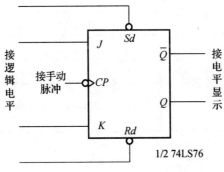

图 3-6-6 1/2 74LS76 接线图

表 3-6-3 双 JK 触发器逻辑功能测试

各控制端					输出端			功能
Sd	Rd	CP	J	K	Q^n	Q^{n+1}	$\overline{Q^{n+1}}$	
0	1	×	×	×	×			
1	0	×	×	×	×			
0	0	×	×	×	×			
1	1	↓	0	0	0			
					1			
1	1	↓	1	0	0			
					1			
1	1	↓	0	1	0			
					1			
1	1	↓	1	1	0			
					1			
1	1	1	×	×	0			
					1			

3) 测试双 D 触发器 74LS74 的逻辑功能

按图 3-6-7 接线。

(1) 测试 Sd、Rd 的复位、置位功能,将测试结果记入表 3-6-4 中。

(2) 测试 D 触发器的逻辑功能,将测试结果记入表 3-6-4 中。

表 3-6-4 双 D 触发器逻辑功能测试

各控制端				输出端			功能
Sd	Rd	CP	D	Q^n	Q^{n+1}	$\overline{Q^{n+1}}$	
0	1	×	×	×			
1	0	×	×	×			
0	0	×	×	×			
1	1	↑	1	0			
				1			
1	1	↑	0	0			
				1			
1	1	0	×	0			
				1			

（3）观察 CP 脉冲对触发器的作用，将测试结果记入表 3-6-5 中。

表 3-6-5 CP 脉冲对触发器输出的影响

各控制端				输出端	
Sd	Rd	CP	D	Q^n	Q^{n+1}
1	1	↑	0	0	
				1	
1	1	↑	1	0	
				1	
1	1	↓	0	0	
				1	
1	1	↓	1	0	
				1	
1	1	0	×	0	
				1	
1	1	1	×	0	
				1	

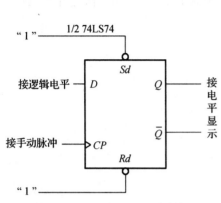

图 3-6-7 1/2 74LS74 接线图

*4）用双 D 触发器构成分频器

按图 3-6-8 连接实验电路，构成 2 分频和 4 分频器。

在 CP_1 端加入 1 kHz 的连续方波，并用示波器观察 CP_2、Q_1、Q_2 各端的波形。再取一只 74LS74 组件，仿图 3-6-8 所示电路连成 8 分频器和 16 分频器。

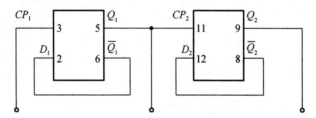

图 3-6-8 用 74LS74 双 D 触发器构成分频器

五、实验报告要求

1. 列表整理各类触发器的逻辑功能。
2. 总结双 JK 触发器 74LS76 和双 D 触发器 74LS74 的特点。

六、实验预习要求

1. 复习有关触发器的内容。

2. 列出各触发器逻辑功能的测试表格。

七、思考题

1. JK 触发器和 D 触发器在实现正常逻辑功能时 Sd、Rd 应处于什么状态？

2. 触发器的时钟脉冲输入为什么不能用逻辑开关作脉冲源，而要用单次脉冲源或连续脉冲源？

实验七 触发器的转换

一、实验目的

掌握触发器之间的相互转换方法。

二、实验设备与器件

1. DZX-2B 型电子学综合实验装置。
2. YB4320A 型双踪四迹示波器。
3. 74LS00（二输入端四与非门）。
4. 74LS76（双 JK 触发器）。
5. 74LS74（双 D 触发器）。

三、实验原理

每一种触发器都有自己固定的逻辑功能。集成单元触发器产品中较为常用的有 D 触发器和 JK 触发器，有时我们手边有某一种类型的触发器，而实际应用中需要的是另一种类型的触发器，此时就需要把一种类型的触发器转换成另一种类型的触发器。一般采用的转换方法有公式法和图形法。

(1) 由 D 触发器转换成 JK 触发器

由 D 触发器的特性方程 $Q^{n+1} = D$ 和 JK 触发器的特性方程 $Q^{n+1} = J\overline{Q^n} + \overline{K}Q^n$ 可得：

$$D = J\overline{Q^n} + \overline{K}Q^n = \overline{\overline{J\overline{Q^n}} \cdot \overline{\overline{K}Q^n}} \tag{3-7-1}$$

根据式(3-7-1)可画出由 D 触发器转换成 JK 触发器的电路，如图 3-7-1 所示。

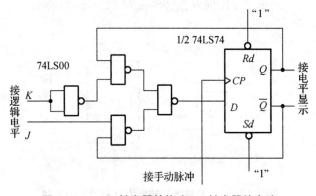

图 3-7-1 D 触发器转换为 JK 触发器的电路

(2) 由 D 触发器转换成 T 和 T' 触发器

由 D 触发器的特性方程 $Q^{n+1}=D$ 和 T 触发器的特性方程 $Q^{n+1}=T\overline{Q^n}+\overline{T}Q^n$ 可得：

$$D=T\overline{Q^n}+\overline{T}Q^n=\overline{\overline{T\overline{Q^n}}\cdot\overline{\overline{T}Q^n}} \qquad (3-7-2)$$

当 $T=1$ 时，

$$D=\overline{Q^n} \qquad (3-7-3)$$

根据式(3-7-2)可画出由 D 触发器转换成 T 触发器的电路，如图 3-7-2 所示。根据式(3-7-3)可画出由 D 触发器转换成 T' 触发器的电路，如图 3-7-3 所示。

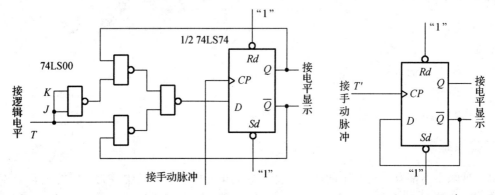

图 3-7-2 D 触发器转换为 T 触发器的电路　　　图 3-7-3 D 触发器转换为 T' 触发器的电路

(3) 由 JK 触发器转换成 D 触发器

由 JK 触发器的特性方程 $Q^{n+1}=J\overline{Q^n}+\overline{K}Q^n$ 和 D 触发器的特性方程 $Q^{n+1}=D$ 可得：

$$J\overline{Q^n}+\overline{K}Q^n=D$$

于是有

$$J=D,\ \overline{K}=D \qquad (3-7-4)$$

根据式(3-7-4)可画出由 JK 触发器转换成 D 触发器的电路，如图 3-7-4 所示。

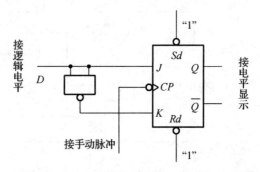

图 3-7-4 JK 触发器转换为 D 触发器的电路

(4) 由 JK 触发器转换成 RS 触发器

由 RS 触发器的特性方程

$$\begin{cases} Q^{n+1} = S + \bar{R}Q^n \\ SR = 0 \end{cases}$$

可变换为

$$Q^{n+1} = S + \bar{R}Q^n = S\overline{Q^n} + \bar{R}Q^n$$

将上式和 JK 触发器的特性方程相比较可得：

$$J = S, K = R \tag{3-7-5}$$

根据式(3-7-5)可画出由 JK 触发器转换成 RS 触发器的电路，如图 3-7-5 所示。

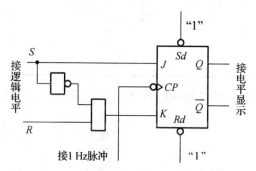

图 3-7-5　JK 触发器转换为 RS 触发器的电路

四、实验内容与方法

1) 由 D 触发器转换成 JK、T、T′ 触发器

(1) 按图 3-7-1 连接实验电路，将 D 触发器转换成 JK 触发器，将测试结果记入表 3-7-1 中。

(2) 按图 3-7-2 连接实验电路，将 D 触发器转换成 T 触发器，将测试结果记入表 3-7-2 中。

(3) 按图 3-7-3 连接实验电路，将 D 触发器转换成 T′ 触发器，将测试结果记入表 3-7-3 中。

表 3-7-1　JK 触发器逻辑功能测试

D	CP	Q
0	↓	
1	↓	

表 3-7-2　T 触发器逻辑功能测试

T	CP	Q
1	⊓⊓	
0	⊓⊓	

表 3-7-3　T′ 触发器逻辑功能测试

CP	Q
⊓⊓	

2) 由 JK 触发器转换成 D、T、T′ 触发器

(1) 按图 3-7-4 连接实验电路，由 JK 触发器转换成 D 触发器，将测试结果记入表 3-

7-4中。

表3-7-4 由 JK 触发器转换的 D 触发器逻辑功能测试

J	K	Q^n	Q^{n+1}
0	0	0	
0	0	1	
0	1	0	
0	1	1	
1	0	0	
1	0	1	
1	1	0	
1	1	1	

(2) 按图3-7-6连接实验电路,将 JK 触发器转换成 T 触发器,将测试结果记入表3-7-5中。

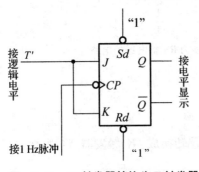

图3-7-6 JK 触发器转换为 T 触发器

表3-7-5 T 触发器逻辑功能测试

T	Q^n	Q^{n+1}
0	0	
0	1	
1	1	
1	0	

(3) 按图3-7-7连接实验电路,将 JK 触发器转换成 T' 触发器,将测试结果记入表3-7-6中。

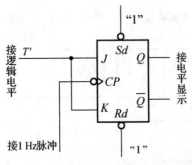

图3-7-7 JK 触发器转换为 T' 触发器

表3-7-6 T' 触发器逻辑功能测试

CP	Q
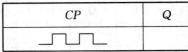	

3）由 JK 触发器转换成 RS 触发器

按图 3-7-5 连接实验电路，将 JK 触发器转换成 RS 触发器，将测试结果记入表 3-7-7 中。

表 3-7-7　RS 触发器逻辑功能测试

输入端		输出端	
R	S	Q	$\bar{Q}$

五、实验报告要求

1. 列表整理实验数据并分析。
2. 列出触发器相互转换的表达式及实验步骤。
3. 比较 JK、RS、T 三种类型触发器的特性。

六、实验预习要求

1. 复习 JK 触发器的逻辑功能。
2. 掌握 D 触发器和 JK 触发器的真值表及其转换的基本方法。

七、思考题

如何用 JK 触发器组成单脉冲发生器？

实验八 计数器

一、实验目的

1. 掌握常用时序电路的分析、设计和测试方法。
2. 熟悉用触发器组成计数器的方法。

二、实验设备与器件

1. DZX-2B 型电子学综合实验装置。
2. YB4320A 型双踪四迹示波器。
3. 74LS00（二输入端四与非门）。
4. 74LS76（双 JK 触发器）。

三、实验原理

计数器是一个用于实现计数功能的时序部件,不仅可用来计脉冲数,还常常用于实现数字系统的定时、分频和执行数字运算等逻辑功能。计数器种类很多,按构成计数器的各触发器是否使用一个时钟脉冲源,可分为同步计数器和异步计数器；按计数器进制的不同,可分为二进制计数器、十进制计数器、十六进制计数器、任意进制计数器；按计数器的增减趋势,又可分为加法、减法和可逆计数器。本实验用触发器构成各种计数器并测试其功能。

四、实验内容与方法

1) 设计异步二进制加法计数器

按照图 3-8-1 连接电路构造异步二进制加法计数器,按照表 3-8-1 输入端要求测试其逻辑功能,并将结果记录在表 3-8-1 中。根据记录结果完成图 3-8-2。

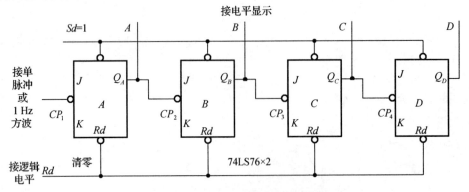

图 3-8-1 异步二进制加法计数器

表 3-8-1 异步二进制加法计数器逻辑功能测试

输入 CP 数	二进制码输出				十进制数	输入 CP 数	二进制码输出				十进制数
	Q_D	Q_C	Q_B	Q_A			Q_D	Q_C	Q_B	Q_A	
0						9					
1						10					
2						11					
3						12					
4						13					
5						14					
6						15					
7						16					
8						17					

记数脉冲

Q_A ——

Q_B ——

Q_C ——

Q_D ——

图 3-8-2 异步二进制加法计数器时序图

2) 设计异步二进制减法计数器

按照图 3-8-3 连接电路构造异步二进制减法计数器,按照表 3-8-2 输入端要求测试其逻辑功能,并将结果记录在表 3-9-2 中。根据记录结果完成图 3-8-4。

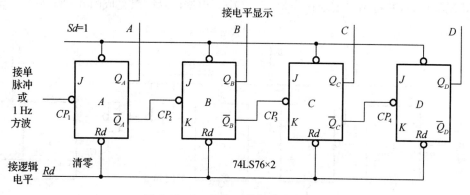

图 3-8-3 异步二进制减法计数器

表 3-8-2 异步二进制减法计数器逻辑功能测试

输入 CP 数	二进制码输出				十进制数	输入 CP 数	二进制码输出				十进制数
	Q_D	Q_C	Q_B	Q_A			Q_D	Q_C	Q_B	Q_A	
0						9					
1						10					
2						11					
3						12					
4						13					
5						14					
6						15					
7						16					
8						17					

记数脉冲

Q_A ——

Q_B ——

Q_C ——

Q_D ——

图 3-8-4 异步二进制减法计数器时序图

3) 设计异步二-十进制加法计数器

按照图 3-8-5 连接电路构造异步二-十进制加法计数器,按照表 3-8-3 输入端要求测试其逻辑功能,并将结果记录在表 3-8-3 中。根据记录结果完成图 3-8-6。

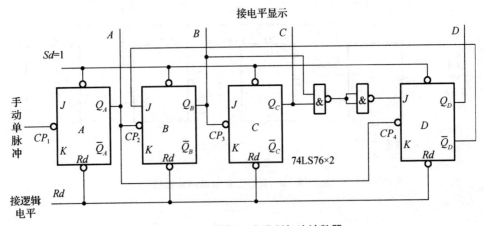

图 3-8-5 异步二-十进制加法计数器

表 3-8-3 异步二-十进制加法计数器逻辑功能测试

输入 CP 数	二进制码输出				十进制数	输入 CP 数	二进制码输出				十进制数
	Q_D	Q_C	Q_B	Q_A			Q_D	Q_C	Q_B	Q_A	
0						6					
1						7					
2						8					
3						9					
4						10					
5											

图 3-8-6 异步二-十进制加法计数器时序图

4) 设计异步二-十进制减法计数器

按照图 3-8-7 连接电路构造异步-十进制减法计数器,按照表 3-8-4 输入端要求测试其逻辑功能,并将结果记录在表 3-8-4 中。根据记录结果完成图 3-8-8。

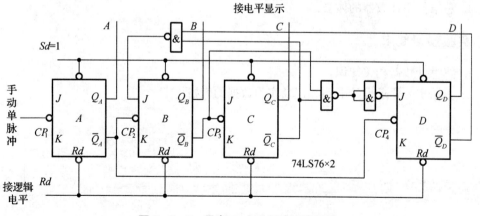

图 3-8-7 异步二-十进制减法计数器

表 3-8-4 异步二-十进制减法计数器逻辑功能测试

输入 CP 数	二进制码输出				十进制数	输入 CP 数	二进制码输出				十进制数
	Q_D	Q_C	Q_B	Q_A			Q_D	Q_C	Q_B	Q_A	
0						6					
1						7					
2						8					
3						9					
4						10					
5											

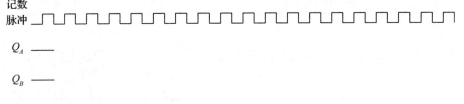

图 3-8-8 异步二-十进制减法计数器时序图

五、实验报告要求

1. 写出异步二进制加法计数器的驱动方程和状态方程。
2. 记录实验数据,列表整理,画出相关波形图。
3. 总结计数器的大致分类和计数器的作用。
4. 总结使用计数器的体会。

六、实验预习要求

1. 熟悉计数器相关知识。
2. 根据实验要求设计电路和记录实验数据的表格。

实验九 集成计数器

一、实验目的

1. 熟悉集成计数器的逻辑功能和各控制端的作用。
2. 掌握计数器的使用方法。

二、实验设备与器件

1. DZX-2B 型电子学综合实验装置。
2. YB4320A 型双踪四迹示波器。
3. 74LS00（二输入端四与非门）1 块。
4. 74LS20（四输入端二与非门）1 块。
5. 74LS93（异步二进制计数器）1 块。

三、实验原理

中规模集成电路计数器的应用十分普及,然而定型产品的种类是很有限的,常用的多为十进制、二进制、十六进制几种,因此必须学会用已有的计数器芯片构成任意进制计数器的方法。本实验采用中规模集成电路计数器 74LS93 芯片,它的集成单元是二进制计数器,由四个主从 JK 触发器和附加电路组成,最长计数周期是 16,通过适当改变外引线,可以实现不同长度的计数周期。74LS93 的逻辑图如图 3-9-1 所示,引脚排列如图 3-9-2 所示,其逻辑功能如表 3-9-1 所示。如果使用该计数器的最大长度（四位二进制）,可将 B_{IN} 输入端同 A_{IN} 输出端连接,由 A_{IN} 输入端进行脉冲计数。

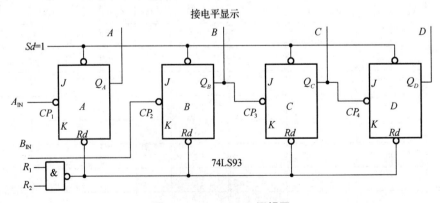

图 3-9-1 74LS93 逻辑图

表 3-9-1 置零/计数功能表

置零输入		输出			
R_1	R_2	Q_D	Q_C	Q_B	Q_A
1	1	0	0	0	0
0	×	计数			
×	0	计数			

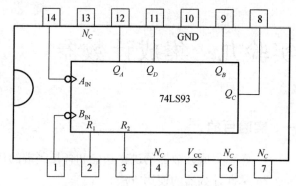

图 3-9-2 74LS93 引脚排列

四、实验内容与方法

1) 集成计数器 74LS93 逻辑功能测试

参照图 3-9-3 连接电路,根据表 3-9-1 的输入信号要求,测试 74LS93 的逻辑功能,并将结果记录在表 3-9-1 的输出部分。

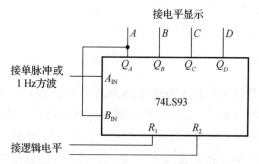

图 3-9-3 二-十六进制计数器接线图

表 3-9-1 74LS93 逻辑功能测试

输入 CP 数	二进制码输出				十进制数	输入 CP 数	二进制码输出				十进制数
	Q_D	Q_C	Q_B	Q_A			Q_D	Q_C	Q_B	Q_A	
0						9					
1						10					
2						11					
3						12					
4						13					
5						14					
6						15					
7						16					
8						17					

2) 用集成计数器 74LS93 构成计数周期为 6、7 的二进制计数器

参照图 3-9-4,利用 74LS93 设计周期为 6 的计数器。根据表 3-9-2 的输入信号要求,测试新电路的逻辑功能,并将结果记录在表 3-9-2 的输出部分。

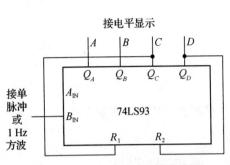

图 3-9-4 六进制计数器连线图

表 3-9-2 六进制计数器逻辑功能测试

输入	二进制码输出			
CP 数	Q_D	Q_C	Q_B	Q_A
0				
1				
2				
3				
4				
5				
6				

参照图 3-9-5,利用 74LS93 设计周期为 7 的计数器。根据表 3-9-3 的输入信号要求,测试新电路的逻辑功能,并将结果记录在表 3-9-3 的输出部分。

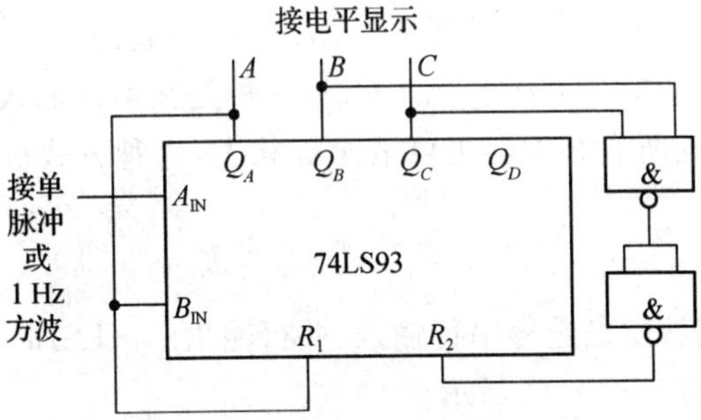

表 3-9-3 七进制计数器逻辑功能测试

输入	二进制码输出			十进制数
CP 数	Q_C	Q_B	Q_A	
0				
1				
2				
3				
4				
5				
6				
7				

图 3-9-5 七进制计数器连线图

五、实验报告要求

1. 自行设计实验电路和实验表格,并记录、整理实验数据。
2. 集成计数器 74LS93 是同步计数器还是异步计数器?是加法计数器还是减法计数器?
3. 总结改变四位二进制计数器计数周期的方法。
4. 集成计数器 74LS93 有何用途?

六、实验预习要求

1. 熟悉集成计数器相关知识。
2. 根据实验要求设计电路和记录实验数据的表格。

实验十 移位寄存器

一、实验目的

1. 掌握移位寄存器的工作原理及电路组成。
2. 测试双向移位寄存器的逻辑功能。
3. 掌握二进制码的串行/并行转换技术以及二进制码的传输和累加方法。

二、实验设备与器件

1. DZX-2B 型电子学综合实验装置。
2. 集成芯片 74LS00、74LS76、74LS164。

三、实验原理

移位寄存器是一种由触发器连接组成的同步时序电路。每个触发器的输出连到下一级触发器的控制输入端,在时钟的作用下,存储在移位寄存器中的信息逐位左移或右移。移位寄存器的清零方式有两种:一种是将所有触发器的清零端 CLR 连在一起,置位端 S 连在一起,当 $CLR=0$,$S=1$ 时,Q 端为 0,这种方式称为异步清零;另一种是在串行输入端输入"0"电平,接着从 CK 端送入 4 个脉冲,则所有触发器也可清至零状态,这种方式称为同步清零。

1)单向移位寄存器

74LS164 为集成八位单向移位寄存器,其特点是选通串行输入、并行输出。74LS164 的引脚排列如图 3-10-1 所示,其逻辑功能如表 3-10-1 所示。

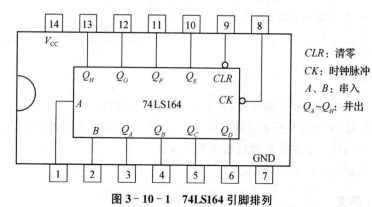

图 3-10-1 74LS164 引脚排列

表 3-10-1　74LS164 逻辑功能表

输入			输出							
CLR	CK	A	B	Q_A	Q_B	Q_C	Q_D	Q_E	Q_F	Q_G	Q_H
L	×	×	×	L	L	L	L	L	L	L	L
H	L	×	×	Q_{A0}	Q_{B0}	Q_{C0}	Q_{D0}	Q_{E0}	Q_{F0}	Q_{G0}	Q_{H0}
H	↑	H	H	H	Q_{AN}	Q_{BN}	Q_{CN}	Q_{DN}	Q_{EN}	Q_{FN}	Q_{GN}
H	↑	L	×	L	Q_{An}	Q_{Bn}	Q_{Cn}	Q_{Dn}	Q_{En}	Q_{Fn}	Q_{Gn}
H	↑	×	L	L	Q_{An}	Q_{Bn}	Q_{Cn}	Q_{Dn}	Q_{En}	Q_{Fn}	Q_{Gn}

2) 双向移位寄存器

74LS194 为集成四位双向移位寄存器,当清零端(CLR)为低电平时,输出端(Q_A、Q_B、Q_C、Q_D)均为低电平(0);当工作方式控制端(S_1、S_0)均为高电平时,在时钟(CK)上升沿作用下,并行数据(A、B、C、D)被送入相应的输出端(Q_A、Q_B、Q_C、Q_D),此时串行数据被禁止;当 S1 为低电平,S_0 为高电平时,在时钟 CK 上升沿作用下进行右移操作,数据由 R 送入;当 S_1 为高电平,S_0 为低电平时,在时钟 CK 上升沿作用下进行左移操作,数据由 L 送入;当 S_0 和 S_1 为低电平时,时钟 CK 被禁止,移位寄存器保持不变。

四、实验内容与方法

1) 串行移位计数器的逻辑功能测试

由四个主从 JK 触发器构成简单的四位串行移位寄存器(用 74LS76 实现),并测量其逻辑功能。

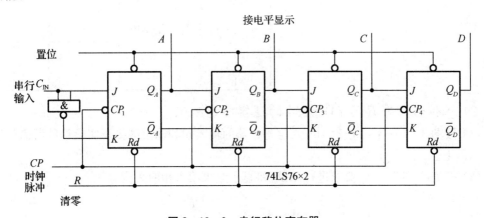

图 3-10-2　串行移位寄存器

(1) 将两块双 JK 触发器两块 74LS76 插入实验台上的 IC 插座,按图 3-10-2 连接成四位串行移位寄存器,其逻辑功能如图 3-10-3 所示。

(2) 按图 3-10-2 连接输入端、输出端及各控制端,然后按表 3-10-2 的要求送入寄存数据,要先送最高位,输入信号一定要与时钟脉冲同时出现。在四个时钟脉冲后,就把四位数字存入寄存器,寄存器一定是串行输入,输出则可以由 D、C、B、A 端并行输出,或由 D 端串行输出。(只要加入四个时钟脉冲,从 D 端即可串行输出。)

(3) 按表 3-10-2 对输入端的要求,观察输出端的显示,记录在表 3-10-2 内。

表 3-10-2 串行移位寄存器逻辑功能测试

输入				输出			
R	S	CK	C_{IN}	D	C	B	A
0	0	↓	1				
1	0	↓	1				
0	1	↓	1				
1	1	↓	1				
				0	0	0	0
1	1	↓↓↓↓	1111				
				0	0	0	0
1	1	↓↓↓↓	1010				
				0	0	0	0
1	1	↓↓↓↓	0101				

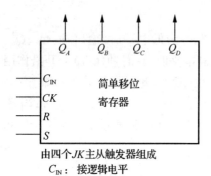

由四个 JK 主从触发器组成
C_{IN}：接逻辑电平
CK(CP)：接单脉冲
R、S：接逻辑电平
$Q_A \sim Q_D$：接电平显示

图 3-10-3 JK 触发器组成的移位寄存器功能示意图

2) 八位移位寄存器 74LS164 的逻辑功能测试

(1) 按图 3-10-4 将 74LS164 八位寄存器的输入端和输出端接至实验箱的所需信号源和显示器上。

(2) 按表 3-10-3 的要求进行测试,将显示结果填入相应表内。

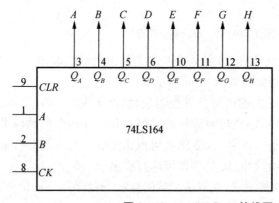

1、2、9：接逻辑电平
8：接单脉冲
A~H：接电平显示

图 3-10-4 74LS164 接线图

表 3-10-3 八位移位寄存器 74LS164 的逻辑功能测试

输入端				输出端							
CLR	CK	A	B	Q_H	Q_G	Q_F	Q_E	Q_D	Q_C	Q_B	Q_A
0	×	×	×								
1	0	×	×								
1	↑	1	1								
1	↑	1	0								
1	⊓			1	1	0	1	1	0	1	1
1	⊓			1	0	1	0	1	0	0	1

(3) 设计使用输出端反馈控制输入端的电路,按表 3-10-4 和表 3-10-5 的要求输出数字序列,将显示结果填入相应表内。

表 3-10-4 输出 11011011 的状态

输入端				输出端							
CLR	CK	A	B	Q_H	Q_G	Q_F	Q_E	Q_D	Q_C	Q_B	Q_A
0	×	×	×								
1	⊓										

表 3-10-5 输出 10101001 的状态

输入端				输出端							
CLR	CK	A	B	Q_H	Q_G	Q_F	Q_E	Q_D	Q_C	Q_B	Q_A
0	×	×	×								
1	⊓										

3) 用74LS164构成八位扭环形计数器并验证其逻辑功能

用74LS164构成八位扭环形计数器,根据表3-10-6输入端的要求接入输入信号,验证其逻辑功能,并将结果填入表中。

表3-10-6 八位扭环形计数器

输入端				输出端							
CLR	CK	A	B	Q_H	Q_G	Q_F	Q_E	Q_D	Q_C	Q_B	Q_A
0	×	×	×								
1	⊓										

五、实验报告要求

1. 自行设计实验电路和实验表格,记录实验数据。
2. 整理实验数据,分析实验结果与理论值是否相符。
3. 根据实验结果,总结寄存器的基本原理。
4. 写出移位寄存器输入、输出方式的种类。
5. 总结并写出移位寄存器的用途。

六、实验预习要求

1. 熟悉移位寄存器相关知识。
2. 根据实验要求设计电路和记录实验数据的表格。

实验十一 时基电路

一、实验目的

1. 了解 555 单稳态触发器的电路原理、特点以及脉冲宽度的估算方法。
2. 进一步熟悉用双踪示波器观察、记录脉冲波形并测量脉冲参数的方法。

二、实验设备与器件

1. YB320A 型双踪示波器。
2. DZX-2B 型电子学综合实验装置。
3. MF47 万用表。
4. 555 时基集成芯片,电阻、电容若干。

三、实验原理

1) 555 时基电路的工作原理

555 时基集成电路是由 TTL 电路与运放器组成的混合器件,基本上可以看成一个单稳态触发器。其通用性很强,使用很广泛。外加电阻、电容等元件可以构成多谐振荡器、单稳电路、施密特触发器等。其引脚排列与逻辑图如图 3-11-1 所示,其功能如表 3-11-1 所示。

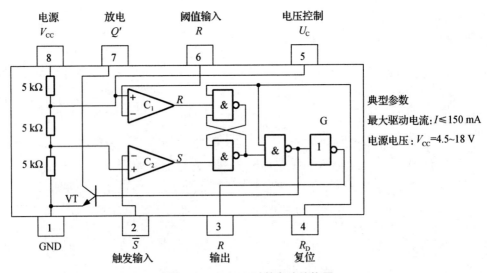

图 3-11-1 555 时基电路结构图

表 3-11-1 555 时基电路的功能表

输入			输出	
阈值输入	触发输入	复位	输出	放电管 VT
×	×	0	0	导通
$<\frac{2}{3}V_{CC}$	$<\frac{1}{3}V_{CC}$	1	1	截止
$>\frac{2}{3}V_{CC}$	$>\frac{1}{3}V_{CC}$	1	0	导通
$<\frac{2}{3}V_{CC}$	$>\frac{1}{3}V_{CC}$	1	不变	不变

定时器内部由比较器、分压电路、RS 触发器及放电三极管等组成。分压电路由三个 5 kΩ 的电阻构成，分别给 C_1 和 C_2 提供参考电平 $\frac{2}{3}V_{CC}$ 和 $\frac{1}{3}V_{CC}$。C_1 和 C_2 的输出端控制 RS 触发器的状态和放电管的开关状态。当输入信号自 6 脚输入并大于 $\frac{2}{3}V_{CC}$ 时，触发器复位，3 脚输出为低电平，放电管 VT 导通；当输入信号自 2 脚输入并低于 $\frac{1}{3}V_{CC}$ 时，触发器置位，3 脚输出高电平，放电管 VT 截止。

R_D 是复位端，$R_D=0$，则 $U_o=0$；正常工作时 R_D 接高电平。

U_C 为控制端，平时输入 $\frac{2}{3}V_{CC}$ 作为比较器的参考电平，当 5 脚外接一个输入电压时，即改变了比较器的参考电平，从而实现了对输出的另一种控制。如果不在 5 脚外加电压，则通常接 0.01 μF 的电容到地，起滤波作用，以消除外来的干扰，确保参考电平的稳定。

2) 典型应用

(1) 构成单稳态触发器

电路如图 3-11-2 所示，电容 C 接芯片内晶体管 VT 的集电极。当 VT 管的基极电压为高电平时，VT 管导通。在电路接通电源时，电源 V_{CC} 通过 R 向 C 充电，U_C 按指数规律上升，当 U_C 上升到 $\frac{2}{3}V_{CC}$ 时，比较器 C_1 输出低电平，$\overline{R}=0$。此时，输入电压 $U_i>\frac{2}{3}V_{CC}$，比较器 C_2 输出高电平，$\overline{S}=1$，触发器输出 $Q=0$，$\overline{Q}=1$。同时，VT 管导通，电容 C 通过 VT 放电，U_C 下降。当 U_C 下降到 $\frac{2}{3}V_{CC}>U_i>\frac{1}{3}V_{CC}$ 时，$\overline{S}=\overline{R}=1$，触发器 $Q=0$，$\overline{Q}=1$ 保持不变，输出电压 $U_o=0$，就是电路的稳定状态。

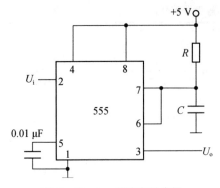
图 3-11-2 单稳态触发器

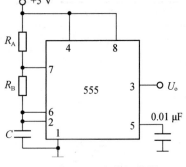
图 3-11-3 多谐振荡器

当 U_i 的下降沿到来，$U_i < \frac{1}{3}V_{CC}$，$U_C < \frac{2}{3}V_{CC}$，比较器 C_1 输出高电平，$\bar{R}=1$；比较器 C_2 输出低电平，$\bar{S}=0$，此时触发器翻转，$Q=1$，$\bar{Q}=0$，输出电压 U_o 为高电平，三极管 VT 截止，电源 V_{CC} 又通过 R 向 C 充电。这样的状态是暂稳态。当 U_C 上升到 $\frac{2}{3}V_{CC}$(3.3 V)时，比较器 C_1 输出低电平，$\bar{R}=0$，触发器复位，输出电压 U_o 又变为零，电路暂稳态结束。与此同时，三极管 VT 导通，电容 C 通过 VT 放电，电路恢复到稳态，为下一个触发脉冲的到来做好准备。

其中，输出 U_o 脉冲的持续时间 $T_W \approx 1.1RC$，一般取 $R=1$ kΩ～10 MΩ，$C>1\,000$ pF，只要满足 U_i 的重复周期 T 大于 t_{p0}，电路即可工作，实现较精确的定时。

(2) 构成多谐振荡器

电路如图 3-11-3 所示，电路无稳态，仅存在两个暂稳态，不需外加触发信号即可产生振荡。因为集成芯片的 2、6 两脚(即 C_2 的同相输入端和 C_1 的反相输入端)连接在电容 C 的上端，这个端点上的电压 U_C 变动，会同时导致两个比较器的输出电平改变，即同时控制 $\bar{R}$ 和 $\bar{S}$ 的改变。电源 V_{CC} 经过 R_A、R_B 给电容 C 充电。当 U_C 上升到 $\frac{2}{3}V_{CC}$ 时，比较器 A_1 输出低电平，$\bar{R}=0$，比较器 A_2 输出高电平，$\bar{S}=1$，触发器复位，$Q=0$，$U_o=0$。同时 $\bar{Q}=1$，三极管 VT 导通，电容 C 通过 R_B、VT 管放电。电压 U_C 下降，当 U_C 下降到 $\frac{1}{3}V_{CC}$ 时，比较器 A_1 输出高电平，$\bar{R}=1$，比较器 A_2 输出低电平，$\bar{S}=0$，触发器置 1，$Q=1$，$U_o=1$。此时，$\bar{Q}=0$，三极管 VT 截止，V_{CC} 又经过 R_A、R_B 给 C 充电，使 U_C 上升。这样周而复始，输出电压 U_o 就形成了周期性的矩形脉冲。电容 C 上的电压 U_C 就是一个周期性的充电、放电的指数曲线波形。输出信号的振荡参如下：

脉冲宽度

$$T_W \approx 0.7(R_A + R_B) \times C$$

周期

$$T \approx 0.7(R_A + 2R_B) \times C$$

频率
$$f \approx \frac{1}{T} = \frac{1.43}{(R_A + 2R_B)C}$$

占空比
$$D = \frac{R_A + R_B}{R_A + 2R_B}$$

555 时基电路要求 R_A 与 R_B 均应大于或等于 1 kΩ，使 $R_A + R_B$ 应小于或等于 3.3 MΩ。

(3) 构成施密特触发器

电路如图 3-11-4 所示。施密特触发器的正向阈值电压（上触发电平）$V_{T+} = \frac{2}{3}V_{CC}$，反向阈值电压（下触发电平）$V_{T-} = \frac{1}{3}V_{CC}$。假设从 $t=0$ 时刻 $U_i = 0$，开始 U_i 上升，但 $U_i < \frac{1}{3}V_{CC}$，电压比较器 C_2 的输出 $\overline{S} = 0$，电压比较器 C_2 的输出 $\overline{R} = 1$，$Q = 1$（$U_o = 5$ V）；当 U_i 上升到 $\frac{2}{3}V_{CC} > U_i > \frac{1}{3}V_{CC}$ 时，$\overline{S} = 1$，$\overline{R} = 1$，使 $Q = 1$ 保持不变；当 U_i 上升到 $U_i \geqslant \frac{2}{3}V_{CC}$ 时，$\overline{S} = 1$，$\overline{R} = 0$，使 $Q = 0$（即 $U_o = 0$ V）。U_i 由最大值开始下降，但当 $\frac{2}{3}V_{CC} > U_i > \frac{1}{3}V_{CC}$ 时，$\overline{S} = 1$，$\overline{R} = 1$，使 $Q = 0$ 保持不变；当 U_i 下降到 $U_i < \frac{1}{3}V_{CC}$ 时，又恢复到 $\overline{S} = 0$，$\overline{R} = 1$，$Q = 1$。电路的电压传输特性如图 3-11-5 所示。

回差电压：$\Delta V = \frac{1}{3}V_{CC}$。

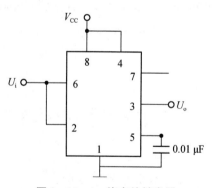

图 3-11-4　施密特触发器

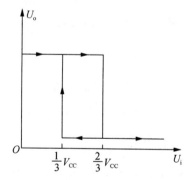

图 3-11-5　电压传输特性

四、实验内容与方法

1) 555 单稳态触发器

(1) 选择合适的电阻 R 和电容 C（$0.5T < T_W < T$），用 555 时基集成芯片组成单稳态触发器。

(2) 测量输出脉冲宽度、幅度及 U_C 转换电平值，并注意与公式估算值相比较。

(3) 输入端 U_i 接 1 kHz 时钟信号或正弦波、三角波($U_{max}>\frac{2}{3}V_{CC}$，$U_{min}<\frac{1}{3}V_{CC}$)，用示波器测试 U_i、U_C、U_o 波形并作相应记录(标明有关参数)。

2) 555 多谐振荡器

(1) 选择合适的电阻 R 和电容 C，用 555 时基集成芯片组成多谐振荡器。

(2) 用示波器观察 U_o 波形，测量脉冲幅度及周期(频率)，并记录。

(3) 改变 R 值，再观察波形变化，测量脉冲幅度及周期(频率)，并记录。

(4) 按公式估算脉冲宽度、周期(频率)及占空比，并注意误差，记录在表 3-11-2 中并与实测值比较。

表 3-11-2 多谐振荡器性能参数测试

R_A/Ω	R_B/Ω	$C/\mu F$	U_{om}/V	$T_{W测}/s$	$T_{测}/s$	$T_{W计}/s$	$T_{计}/s$	$Q_{占测}$	$Q_{占计}$
1 000	1 000	10							
510	1 000	10							

3) 施密特触发器

(1) 用 555 时基集成芯片组成施密特触发器。

(2) 输入端 U_i 接 1 kHz 正弦波，逐渐加大 U_i 的幅度，观察输出波形，测绘电压传输特性，并计算回差电压 ΔV。

*4) 利用 555 时基电路设计制作一个触摸式开关定时器

每当用手触摸一次，电路即输出一个正脉冲宽度为 10 s 的信号。试连电路并测试电路功能。用示波器测量 T_W，与公式计算值 $T_W=1.1RC$ 相比较。

五、实验报告要求

1. 整理实验中所观察到的波形及测得的数据。
2. 将理论估算所得数值与硬件实验的实际测量值进行比较，并分析其误差来源。

六、实验预习要求

1. 复习 555 时基集成电路构成脉冲波形发生器的工作原理和连接方法。
2. 复习确定定时元件参数以达到指定振荡频率、脉冲宽度的方法。
3. 复习用双踪示波器测量脉冲波形参数的方法。

七、思考题

1. 振荡器的频率取决于哪些因素？
2. 555 单稳态触发器的输出脉冲宽度和周期由什么决定？
3. 如果单稳态触发器的输出脉冲宽度与电路恢复期之和大于其触发信号的周期，电路能否正常工作？为什么？

4. 根据图 3-11-2 所示电路，做适当变动之后成为一个占空比可调的多谐振荡器。

5. 利用 555 时基电路组成的施密特触发器实现由三角波变成方波。

实验十二 译码器和数码显示器

一、实验目的

1. 测试74138型3线-8线译码器的逻辑功能。
2. 学习使用实验台上的数码显示器。
3. 掌握一般组合逻辑电路的特点及分析、设计方法。

二、实验设备与器件

1. DZX-2B型电子学综合实验装置。
2. 74138型3线-8线译码器1块,CD4511译码器1块。

三、实验原理

译码器是一个多输入、多输出的组合逻辑电路。它的作用是把给定的代码"翻译"成相应的状态,使输出通道中相应的一路有信号输出。译码器在数字系统中有广泛的用途,不仅可用于代码的转换、终端的数字显示,还可用于数据分配、存储器寻址和组合控制信号等。针对不同的功能可选用不同种类的译码器。译码器可分为通用译码器和显示译码器两大类,前者又可分为变量译码器和代码交换译码器。变量译码器(又称二进制译码器)用于表示输入变量的状态,如2线-4线、3线-8线和4线-16线译码器。若有 n 个输入变量,则有 2^n 个不同的组合状态,就有 2^n 个输出端供其使用,而每一个输出所代表的函数对应于 n 个输入变量的最小项。

二进制译码实际上也是负脉冲输出的脉冲分配器。若利用使能端中的一个输入端输入数据信息,器件就成为一个数据分配器(又称多路分配器)。二进制译码器还能方便地实现逻辑函数。利用使能端能方便地将两个3线-8线译码器组合成一个4线-16线译码器。本次实验所用到的译码器74138的引脚排列如图3-12-1所示。

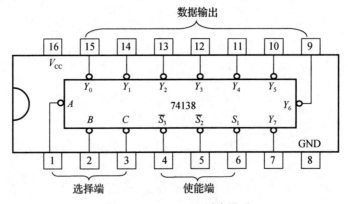

图3-12-1 74138引脚排列

表 3-12-1 中列出了 74138 的逻辑功能,从表中可以看出其输出为低电平有效,使能端 S_1 为高电平有效,$\overline{S_2}$、$\overline{S_3}$ 为低电平有效。当 S_1 为低电平或 $\overline{S_2}+\overline{S_3}$ 为高电平时,输出端全部为 1。

表 3-12-1　74138 逻辑功能

输入					输出(低电平有效)							
使能端		选择端										
S_1	$\overline{S_2}+\overline{S_3}$	C	B	A	Y_0	Y_1	Y_2	Y_3	Y_4	Y_5	Y_6	Y_7
1	0	0	0	0	0	1	1	1	1	1	1	1
1	0	0	0	1	1	0	1	1	1	1	1	1
1	0	0	1	0	1	1	0	1	1	1	1	1
1	0	0	1	1	1	1	1	0	1	1	1	1
1	0	1	0	0	1	1	1	1	0	1	1	1
1	0	1	0	1	1	1	1	1	1	0	1	1
1	0	1	1	0	1	1	1	1	1	1	0	1
1	0	1	1	1	1	1	1	1	1	1	1	0
×	1	1	1	1	1	1	1	1	1	1	1	1
1	×	1	1	1	1	1	1	1	1	1	1	1

实验台上有 6 位十六进制七段译码器与 LED 数码显示器。译码器采用可编程器件 PAL 设计,具有十六进制全译码功能。LED 数码显示器采用 LED 共阴极数码管(与译码器在反面已连接好),可显示 4 位 BCD 码十六进制全译码代号:0、1、2、3、4、5、6、7、8、9、A、B、C、D、E、F。

实验时,将实验台上的 4 组拨码开关的输出 A、B、C、D 分别接至 4 组显示/译码/驱动器的对应输入口,接上 +5 V 显示器的电源,然后按逻辑功能表输入的要求拨动 4 个数码的增减键("+"或"−"键),观察码盘上的 4 位数与 LED 数码显示的对应数字是否一致,即译码显示是否正常。

四、实验内容与方法

1) 74138 译码器的逻辑功能测试

(1) 禁止功能测试

$S_1=0$,$\overline{S_2}=1$,$\overline{S_3}=1$,A、B、C 接实验台上的逻辑电平,输出端 $Y_0 \sim Y_7$ 依次接实验台上的 LED 二极管,选用 8 个二极管。接通电源,进行测试,观察输出端各个二极管的亮灭状态。

(2) 译码功能测试

$S_1=1$,$\overline{S_2}=0$,$\overline{S_3}=0$,其余接线不变,再次观察各个二极管的亮灭状态。

(3) 数据分配功能测试

S_1 接 1 Hz 方波,其余接线不变,将各个二极管的状态记录到表 3-12-2 中。

表 3－12－2 数据分配功能测试

输入					输出							
使能端		选择端										
S_1	$\overline{S_2}+\overline{S_3}$	C	B	A	Y_0	Y_1	Y_2	Y_3	Y_4	Y_5	Y_6	Y_7
方波	0	0	0	0								
	0	0	0	1								
	0	0	1	0								
	0	0	1	1								
	0	1	0	0								
	0	1	0	1								
	0	1	1	0								
	0	1	1	1								

2) BCD 七段锁存译码器 CD4511 的功能测试和显示电路设计

(1) 译码功能测试

用 CMOS 集成芯片 CD4511 驱动共阴极七段 LED 数码显示管,按图 3－12－2 接线,其中译码器 BCD 码输入端 D_3、D_2、D_1、D_0 分别接高、低电平开关,灯测试端 LT、熄灭控制端 BL 接高电平,锁存端 LE 接低电平。拨动电平开关使 D_3、D_2、D_1、D_0 输入 BCD 码 0000～1001,则数码管相应显示数字 0～9,表示正常译码,此后输入 1010～1111,数码管熄灭。按照表 3－12－3 测试其逻辑功能,并记录数码管显示的数字。

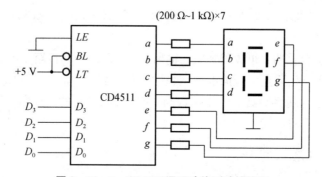

图 3－12－2 CD4511 译码功能测试接线图

表 3－12－3 译码显示功能测试

D_3	D_2	D_1	D_0	数码管显示
0	0	0	0	
0	0	0	1	
0	0	1	0	
0	0	1	1	

续表

D_3	D_2	D_1	D_0	数码管显示
0	1	0	0	
0	1	0	1	
0	1	1	0	
0	1	1	1	
1	0	0	0	
1	0	0	1	

(2) 扫描显示电路设计

学生自行尝试设计多数码管扫描显示电路,可以参照图 3－12－3,只需要将 74HC139 改换成 74138,但要对 74138 没有用到的引脚慎重处理。

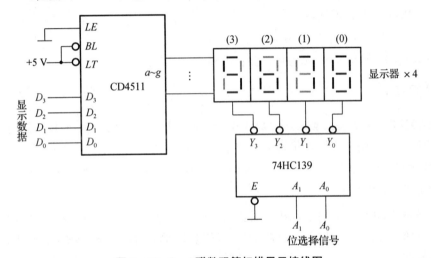

图 3－12－3　4 联数码管扫描显示接线图

五、实验报告要求

1. 画出规范的测试电路图及各个数据测试表格。
2. 记录、整理测试所得数据,并对结果进行分析,说明实验中用到的芯片的功能。

六、实验预习要求

1. 熟悉所用器件功能和外部引脚排列。
2. 自行设计实验电路和实验表格,做预习报告。

七、思考题

1. 74LS138 译码器的输出方式是什么？即"译中"为什么电平？
2. 试说明 S_1、$\overline{S_2}$、$\overline{S_3}$ 输入端的作用。
3. 如何用 3 线-8 线译码器构成 4 线-16 线译码器?

实验十三 DAC 和 ADC

一、实验目的：

1. 了解 A/D 和 D/A 转换器的基本工作原理和基本结构。
2. 掌握 DAC0832 和 ADC0809 的功能及其典型应用。

二、实验设备与器件

1. YB320A 型双踪示波器。
2. DZX-2B 型电子学综合实验装置。
3. DAC0832、ADC0809、μA741、电阻、电容、电位器若干。

三、实验原理

数-模转换器(D/A 转换器,简称 DAC)用于将数字量转换成模拟量,而模-数转换器(A/D 转换器,简称 ADC)用于将模拟量转换成数字量。目前 A/D、D/A 转换器的种类较多,本实验选用大规律集成电路 DAC0832 和 ADC0809 来分别实现 D/A 转换和 A/D 转换。

1) DAC0832 简介

D/A 芯片 DAC0832 是用 CMOS 工艺制成的单片式 8 位 D/A 转换器,由 8 位输入寄存器、8 位 DAC 寄存器、8 位 D/A 转换器及逻辑控制单元等功能电路构成,其内部框图及引脚排列如图 3-13-1 所示。

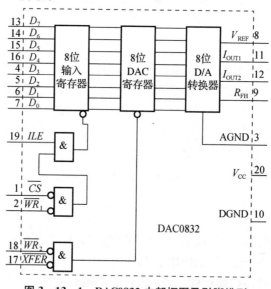

图 3-13-1 DAC0832 内部框图及引脚排列

(1) $D_0 \sim D_7$：数字信号输入端，其中 D_0 为最低位，D_7 为最高位，未使用的数据输入端应接地，悬空的 D_n 端将视同为"1"。

(2) ILE：输入寄存器允许，高电平有效。

(3) $\overline{CS}$：片选信号，低电平有效，与 ILE 信号合起来共同控制 WR_1 信号作用。

(4) $\overline{WR_1}$：写信号1，低电平有效，用来把数据总线的数据输入锁存于输入寄存器中，该信号有效时，必须使 CS 和 ILE 信号同时有效。

(5) $\overline{XFER}$：传送控制信号，低电平有效，用来控制 WR_2。

(6) $\overline{WR_2}$：写信号2，低电平有效，用来将锁存于输入寄存器中的数据传送到8位D/A寄存器锁存起来，此时 $XFER$ 应有效。

(7) I_{OUT1}：DAC 输出电流1，当输入数字为全1时，电流值最大，反之最小。

(8) I_{OUT2}：DAC 输出电流2，$I_{OUT1} + I_{OUT2} = V_{REF}(1 - 1/256)/R$。

(9) R_{FB}：反馈电阻，是集成在片内的外接运放的反馈电阻，由于芯片内已有反馈电阻，所以该端口可与外接运放的输出端短接。

(10) V_{REF}：基准电压，通过它将外部高精度电压源接至梯形电压网络，电压范围为 -10 V $\sim +10$ V，也可以接向其他 D/A 转换器的电压输出端。

(11) V_{CC}：$+5 \sim +15$ V 电源电压，AGND 是模拟地，DGND 是数字地，两者可接在一起使用

DAC0832 是电流输出型8位数模转换器，采用倒 T 型电阻网络，片中没有运算放大器，输出的是电流，要转换成电压，还必须外接运算放大器。D/A 转换实验电路如图 3-13-2 所示。

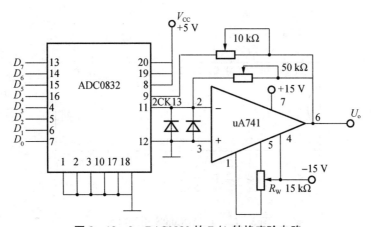

图 3-13-2　DAC0832 的 D/A 转换实验电路

由于 DAC0832 中含有两个数据寄存器，从而有三种工作方式可供选择：

① 双缓冲工作方式；

② 单缓冲工作方式；

③ 直通型工作方式，即 $\overline{CS}$、$\overline{WR1}$、$\overline{WR2}$、$\overline{XFER}$ 接地，ILE 接高电平。

2) ADC0809 简介

ADC0809 是采用 CMOS 工艺制成的 8 位 8 通道逐次渐近型 A/D 转换器,由以下几部分组成:8 路模拟开关、模拟开关的地址锁存和译码电路、比较器、256R 电阻梯形网络、电子开关树、逐次逼近寄存器 SAR、三态输出锁存缓冲器、控制与定时电路等。ADC0809 的 A/D 转换时间约为 100 μs,其内部框图如图 3-13-3 所示。

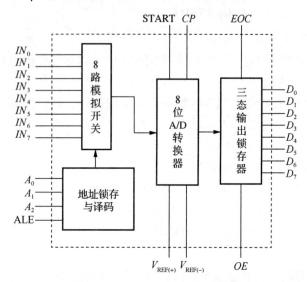

图 3-13-3 ADC0809 内部框图

ADC0809 的引脚排列如图 3-13-4 所示。

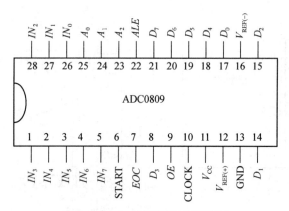

图 3-13-4 ADC0809 引脚排列

(1) $IN_0 \sim IN_7$:8 路模拟信号输入端。

(2) A_2、A_1、A_0:模拟通道的地址选择输入端。

(3) ALE:地址锁存允许输入信号,由低电平向高电平的正跳变为有效,此时锁存地址信号,从而选通相应的模拟信号通道,以便进行 A/D 转换。

(4) START:启动信号输入端,为了启动 A/D 变换过程,应在此引脚施加一个正脉冲,脉冲的上升沿将所有内部寄存器清零,在其下降沿开始 A/D 转换过程。

(5) EOC:转换结束标志,转换结束,输出信号,高电平有效。在 START 信号上升沿之后 $0 \sim 3$ 个时钟周期内,该信号变为低电平;当转换结束,所有数据可以读出时,该信号变为高电平。

(6) OE:输入允许信号,高电平有效。该信号为高电平时,可将输出寄存器中的数据送到数据总线上。

(7) CLOCK(CP):时钟,外接时钟频率一般为 640 kHz。

(8) V_{CC}:+5 V 单电源供电。

(9) $V_{REF(+)}$、$V_{REF(-)}$:基准电压的正极和负极,通常 $V_{REF(+)}$ 接 15 V,$V_{REF(-)}$ 接 0 V。

(10) $D_0 \sim D_7$:数字信号输出端。

地址线 A_0、A_1、A_2 分别对应 2^3 条输入线即对应 $IN_0 \sim IN_7$。ADC0809 通过引脚 $IN_0 \sim IN_7$ 可输入 8 路单边模拟输入电压。ALE 将 3 位地址线 A_2、A_1、A_0 进行锁存,然后由译码电路选通 8 路输入中的某一路进行模数转换。地址译码与输入选通的关系如表 3 - 13 - 1 所示。

表 3 - 13 - 1 ADC0809 的地址译码与输入选通关系

被选的输入模拟通道	输入地址控制(ADD)		
	C	B	A
IN_0	0	0	0
IN_1	0	0	1
IN_2	0	1	0
IN_3	0	1	1
IN_4	1	0	0
IN_5	1	0	1
IN_6	1	1	0
IN_7	1	1	1

四、实验内容与方法

1) D/A 转换

按图 3 - 13 - 2 连接实验电路,$D_0 \sim D_7$ 接数字实验箱上的电平开关的输出端,输出端 U_o 接数字电压表。

(1) 使 $D_0 \sim D_7$ 均为 0。对 μA741 调零,调节调零电位器,使 $U_o = 0$;

(2) 在 $D_0 \sim D_7$ 输入端依次输入数字信号,用数字电压表测量输出电压 U_o,并填于表 3 - 13 - 2 中。

表 3 - 13 - 2 D/A 转换记录

输入数字信号								$V_{CC} = +5$ V U_o/V	$V_{CC} = +15$ V U_o/V
D_7	D_6	D_5	D_4	D_3	D_2	D_1	D_0		
1	1	1	0	0	1	1	0		
1	1	0	0	1	1	0	0		

续表

输入数字信号								$V_{CC}=+5$ V U_o/V	$V_{CC}=+15$ V U_o/V
D_7	D_6	D_5	D_4	D_3	D_2	D_1	D_0		
1	0	1	1	0	0	1	1		
1	0	0	1	1	0	1	0		
1	0	0	0	0	0	0	0		
0	1	1	0	0	1	1	0		
0	1	0	0	1	1	1	1		
0	0	1	1	0	0	1	1		

2) A/D 转换

按图 3-13-5 连接实验电路，$D_7 \sim D_0$ 接 LED，CP 由信号源提供 1 kHz 的脉冲信号，A_0、A_1、A_2 接逻辑开关。

(1) 取 $R=1$ kΩ，用数字万用表测 $IN_0 \sim IN_7$ 端的电压值，看是否为 4.5 V、4 V、…、1 V。

(2) 依次设定 A_2、A_1、A_0，记录 $D_1 \sim D_7$，并填于表 3-15-3 中。

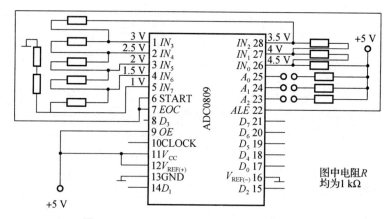

图 3-13-5 ADC0809 的 A/D 转换实验电路

表 3-13-3 A/D 转换记录

模拟通道	输入模拟量	地址	输出数字量								
1N	U_i/V	$A_2A_1A_0$	D_7	D_6	D_5	D_4	D_3	D_2	D_1	D_0	十进制数
$1N_0$	4.5	000									
$1N_1$	4.0	001									
$1N_2$	3.5	010									
$1N_3$	3.0	011									
$1N_4$	2.5	100									
$1N_5$	2.0	101									
$1N_6$	1.5	110									
$1N_7$	1.0	111									

五、实验报告要求

记录 D/A 转换器和 A/D 转换器实验中测得的数据，并与理论计算值进行比较，分析实验结果。

六、思考题

1. 用 CC40161 和 DAC0832 构成阶梯波发生器。
2. DAC 的分辨率与哪些参数有关？
3. 为什么 D/A 转换器的输出端都要接运算放大器？

实验十四　多谐振荡器

一、实验目的

1. 掌握用集成门电路构成多谐振荡器的基本工作原理。
2. 学习多谐振荡器的测试方法。
3. 了解电路参数变化对振荡器波形的影响。

二、实验设备与器件

1. YB320A 型双踪示波器。
2. DZX-2B 型电子学综合实验装置。
3. CD4011、74LS00、电阻、电容若干。

三、实验原理

实验采用 TTL 的 74LS00 和 CMOS 的 CD4011 这两种不同的与非门组成多谐振荡器电路并进行比较。TTL 的 74LS00 引脚排列在前面已经介绍过，CD4011 的引脚排列如图 3-14-1 所示。

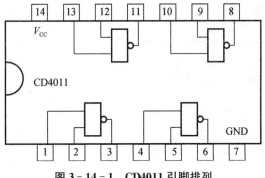

图 3-14-1　CD4011 引脚排列

四、实验内容与方法

分别用 74LS00 和 CD4011 连接线路并进行比较。

（1）组成自激多谐振荡器电路，如图 3-14-2，接入不同电容，用示波器观察输出波形频率，列表记录数据，并画出其中一组波形。

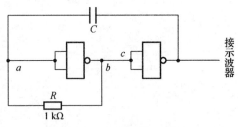

图 3-14-2　自激多谐振荡器电路

(2) 组成基本多谐振荡器电路,如图 3-14-3 所示,接入不同电容,用示波器观察输出波形频率,列表记录数据,并画出各节点输出波形。

(3) 组成环形多谐振荡器电路,如图 3-14-4 所示,用示波器观察输出波形频率,列表记录数据,并画出各节点输出波形。

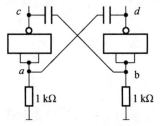

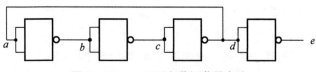

图 3-14-3　基本多谐振荡器电路　　　　图 3-14-4　环形多谐振荡器电路

五、实验报告要求

1. 整理实验数据,分析三种多谐振荡器输出波形的频率分别是由哪些元件决定的?
2. 计算频率并与实测频率进行比较。

六、实验预习要求

1. 复习由门电路构成脉冲波形发生器的工作原理。
2. 复习 TTL 的 74LS00 的引脚排列,熟悉 CD4011 的引脚排列。

附录一　MF47 型万用表的使用

一、面板说明

MF47 指针式万用表的面板如附图 1-1 所示。

1) 表头

万用表表头的准确度等级为 1 级(即表头自身的灵敏度误差为±1%)。表盘上有 7 条刻度线,从上向下分别为电阻(黑色)、直流毫安(黑色)、交流电压(红色,有的表省略此线)、晶体管共射极直流放大系数 h_{FE}(绿色)、电容(红色)、电感(红色)、分贝(红色)。

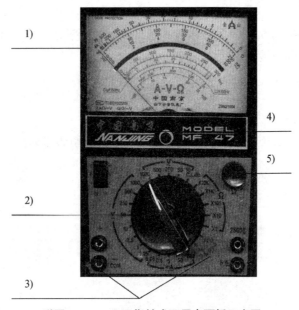

附图 1-1　MF47 指针式万用表面板示意图

2) 挡位开关

挡位开关共有 5 挡,分别为交流电压、直流电压、直流电流、电阻及晶体管,共有 24 个量程。

3) 插孔

MF47 型万用表共有 4 个插孔,左下角的红色"＋"为红表笔(正极)插孔,黑色"－"为公共黑表笔插孔;右下角的"2500 V"为交直流 2 500 V 插孔,"5 A"为直流 5 A 插孔。

4) 机械调零

表头中间下方的小旋钮为机械零位调节旋钮,旋动该旋钮,使指针对准刻度盘左端的"0"位置。

5）欧姆调零

挡位开关右上方的大旋钮为欧姆调零旋钮,测量电阻时先要旋动该旋钮来调零。

二、使用方法

1）测量直流电压

把万用表两表笔插好,红表笔接"+",黑表笔接"-",把挡位开关旋钮旋到直流电压挡,并选择合适的量程。当被测电压数值范围不确定时,应先选用较高的量程,把万用表两表笔并接到被测电路上,红表笔接直流电压正极,黑表笔接直流电压负极,不能接反。然后根据测出的电压值逐步选用低量程,最后使读数在满刻度的 2/3 附近。

2）测量交流电压

测量交流电压时将挡位开关旋钮旋到交流电压挡,表笔不分正负极,与测量直流电压的方法相似,进行读数,其读数为交流电压的有效值。

3）测量直流电流

把万用表两表笔插好,红表笔接"+",黑表笔接"-",把挡位开关旋钮旋到直流电流挡,并选择合适的量程。当被测电流数值范围不确定时,应先选用较高的量程。把被测电路断开,将万用表两表笔串接到被测电路上,注意直流电流从红表笔流入,黑表笔流出,不能接反。然后根据测出的电流值逐步选用低量程,保证读数的精度。

4）测量电阻

插好表笔,把挡位开关旋钮旋到电阻挡,并选择合适的量程。短接两表笔,旋动欧姆调零旋钮,进行电阻挡调零,使指针对准电阻刻度右边的 0 Ω 处。将被测电阻脱离电源,用两表笔接触电阻两端,将表头指针的读数乘以所选量程的分辨率即为被测电阻的阻值。如选用 $R\times 10$ Ω 挡测量,指针指示 50,则被测电阻的阻值为:50×10 Ω=500 Ω。如果示值过大或过小,要重新调整挡位,以保证读数的精度。

测量电路中的电阻时应先切断电源,如电路中有电容则应先放电。

当检查电解电容漏电阻时,可旋动挡位开关旋钮至 $R\times 1$ kΩ 挡,红表笔必须接电容器负极,黑表笔接电容器正极。

5）测量电容

旋动挡位开关旋钮至交流 10 V 位置,将被测电容串接于任一表笔而后跨接于 10 V 交流电压电路中进行测量。

6）测量电感

与测量电容的方法相同。

7）测量晶体三极管直流参数

(1) 测量直流放大倍数 h_{FE}

先旋动挡位开关旋钮至晶体管 ADJ 挡,将红、黑表笔短接,调节欧姆调零旋钮,使指针对准 300 h_{FE} 刻度线;然后旋动挡位开关旋钮到 h_{FE} 挡,将要测的晶体三极管管脚分别插入晶体三极管测试座的 e、b、c 管座内,指针偏转所示数值约为晶体三极管的直流放大倍数 β 值。

N 型晶体三极管应插入 N 型管孔内，P 型晶体三极管应插入 P 型管孔内。

(2) 测量反向截止电流 I_{CEO} 和 I_{CBO}

I_{CEO} 为集电极与发射极间的反向截止电流(基极开路)，I_{CBO} 为集电极与基极间的反向截止电流(发射极开路)。旋动挡位开关旋钮至 $R \times 1$ kΩ 挡并将表笔两端短路，调节欧姆调零旋钮，使指针对准 0 Ω 刻度线(此时满刻度电流值约为 90 μA)。分开表笔，然后将欲测的晶体三极管按附图 1-2 和附图 1-3 所示插入管座内，此时指针指示的数值约为晶体三极管的反向截止电流值。指针指示的刻度值乘以 1.2 即为实际值。

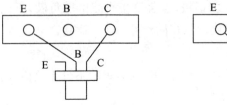

附图 1-2　I_{CBO} 的测量　　　　附图 1-3　I_{CEO} 的测量

当 I_{CEO} 大于 90 μA 时可换用 $R \times 100$ 挡进行测量(此时满刻度电流值约为 900 μA)。N 型晶体三极管应插入 N 型管孔内，P 型晶体三极管应插入 P 型管孔内。

(3) 判别晶体二极管极性

测试时选 $R \times 1$ kΩ 挡，黑表笔一端测得的阻值小的一极为正极。(指针式)万用表在欧姆电路中，红表笔为电池负极，黑表笔为电池正极。

(4) 判别晶体三极管管脚极性

可以把晶体三极管的结构看作两个背靠背的 PN 结，对 NPN 型晶体三极管来说，基极是两个 PN 结的公共阳极；对 PNP 型晶体三极管来说，基极是两个 PN 结的公共阴极，分别如附图 1-4 所示。

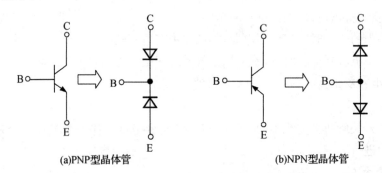

(a)PNP型晶体管　　　　(b)NPN型晶体管

附图 1-4　晶体三极管的两个 PN 结构示意图

① 判断基极 B 和管子的类型

基极与集电极、基极与发射极分别是两个 PN 结，它们的反向电阻都很大，而正向电阻都很小，所以用万用表($R \times 100$ Ω、$R \times 1$ kΩ 挡)测量时。用万用表的黑表笔接晶体三极管的某一极，红表笔依次接其他两个电极：若两次测得的电阻都很小(在几千欧以下)，则黑表笔接的为 NPN 型管子的基极 B；若不是，黑表笔就换个管脚再测；若还不行，就换成红表笔接晶体三极管的某一极,黑表笔依次接其他两个电极,直到两次测得的电阻都很小,则红表笔所接的是 PNP 型管子的基极 B。

注意:这里介绍的测试方法一般都只能用 $R\times 100\ \Omega$、$R\times 1\ k\Omega$ 挡,如果用 $R\times 10\ k\Omega$ 挡,由于表内有 9 V 的较高电压,可能将三极管的 PN 结击穿;若用 $R\times 1\ \Omega$ 挡测量,则因电流过大(约 90mA),也可能损坏管子。

② 确定发射极 E 和集电极 C

对于 PNP 型三极管,当集电极接负电压,发射极接正电压时,电流放大倍数比较大,而 NPN 型三极管则相反。因此,测试时假定红表笔接集电极 C,黑表笔接发射极 E,记下其阻值;然后红、黑表笔交换测试,将测得的阻值相比,则阻值小时的红表笔接的是集电极 C,黑测试棒接的是发射极 E。NPN 型三极管的测试方法与此相反(此处需要用 $R\times 10\ k\Omega$ 挡才能看出明显现象),这里不详细介绍。

三、使用万用表的注意事项

(1) 在使用前应检查指针是否指在机械零位上,如不指在零位时,可旋转表盖上的调零器使指针指示在零位上。

(2) 测量时不能用手触摸表笔的金属部分,以保证安全和测量准确性。测电阻时如果用手捏住表笔的金属部分,会将人体电阻并接于被测电阻,从而引起测量误差。

(3) 测量直流量时注意被测量的极性,避免指针反偏而打坏表头。

(4) 不能带电调整挡位或量程,避免电刷的触点在切换过程中产生电弧而烧坏线路板或电刷。

(5) 测量完毕后应将挡位开关旋钮调至交流电压最高挡或空挡。

(6) 不允许测量带电的电阻,否则会烧坏万用表。

(7) 表内电池的正极与面板上的"－"插孔相连,负极与面板上的"＋"插孔相连。如果不用时误将两表笔短接会使电池很快放电并流出电解液,腐蚀万用表,因此不用时应将电池取出。

(8) 在测量电解电容和晶体管等器件的阻值时要注意极性。

(9) 电阻挡在每次换挡时都要进行调零。

(10) 不允许用万用表电阻挡直接测量高灵敏度的表头内阻,以免烧坏表头。

(11) 一定不能用电阻挡测电压,否则会烧坏熔断器或损坏万用表。

(12) 读数时目光应与表面垂直,使表指针与反光铝膜中的指针重合,以确保读数的精度。检测时先选用较高的量程,再根据实际情况调整量程,最后使读数在满刻度的 2/3 附近。

附录二 DZX-3型电子学综合实验装置简介

本装置的面板可分为两部分,即面板左侧为数字电子技术部分(简称数电部分),面板右侧为模拟电子技术部分(简称模电部分),如附图2-1所示。

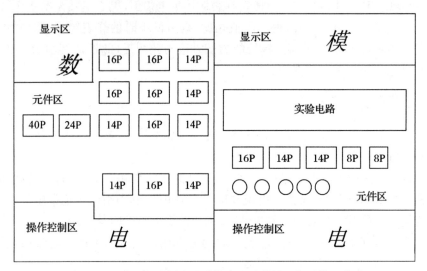

附图2-1 DZX-3型电子学综合实验装置面板结构示意图

1) 数电部分

数电部分大致可分为三个区:显示区、元件区和操作控制区。

在显示区,有两种显示方式,即数码显示器显示和逻辑电平显示器显示。数码显示器由6位十进制七段译码器与LED数码显示器构成。每一位译码器均采用可编程器件PAL设计而成,具有十六进制全译码功能;显示器采用LED共阴极绿色数码管(与译码器在反面已连接好),可显示4位BCD码十六进制的全译码代号:0、1、2、3、4、5、6、7、8、9、A、B、C、D、E、F。使用时,只要用锁紧线将+5 V电源接入电源插孔"+5 V"处即可工作,在没有BCD码输入时6位译码器均显示"F"。

逻辑电平显示器有6位,由LED发光二极管构成,在接通+5 V电源后,当输入端接高电平时,对应的发光二极管点亮;当输入端接低电平时,则熄灭。

在元件区,有22只双列直插式集成电路插座(40P 3只,28P 1只,24P 1只,20P 1只,18P 1只,16P 8只,14P 7只),主要用于放置实验所需的元件。元件区还有4位BCD码十进制拨码开关组,每一位的显示窗指示出0～9中的一个十进制数字,在A、B、C、D四个输出插口处输出相对应的BCD码。每按动一次"+"或"-"键,将顺序地进行加1计数或减1计数。

操作控制区包括信号源、逻辑笔和直流稳压电源三个部分。

(1) 信号源

① 开关逻辑电平输出：共有 16 位，分别由 16 只小型开关和 LED 发光二极管组成。当开关向上拨时，输出高电平，且对应的发光二极管点亮；开关向下拨时，输出低电平，且对应的发光二极管熄灭。

② 两路单次脉冲源：提供两路正、负单次脉冲源。每按一次单次脉冲按键，输出口分别送出一个正、负单次脉冲信号"⎍"和"⎑"。

③ 频率为 1 Hz、1 kHz、20 kHz 附近连续可调的脉冲信号源。接通电源后，输出口将输出连续的幅度为 3.5 V 的方波脉冲信号。其输出频率由"频率范围"波段开关的位置决定，可通过"频率微调"对输出频率进行细调，并有 LED 发光二极管指示是否有脉冲信号输出。当频率范围开关置于 1 Hz 挡时，LED 发光二极管应按 1 Hz 左右的频率闪亮。

④ 频率连续可调的计数脉冲信号源：能在 0.5 Hz～200 kHz 范围内调节输出频率，可用作低频计数脉冲源。

(2) 逻辑笔

它是用可编程逻辑器件 PAL 设计而成的，具有显示高电平、低电平、中间电平、高阻态等逻辑功能。

(3) 直流稳压电源

提供数字电路实验所用的±5 V 电源和两路 0～18 V 可调电源。

2) 模电部分

模电部分也同样可分为显示区、元件区和操作控制区。

在显示区有满刻度为 1 mA、内阻为 100 Ω 的直流毫安表一只，该表可用于多用表的设计、改装；直流交流毫伏表一只，量程分 2 V、20 V、200 V 三挡，可通过琴键开关切换量程；直流数字毫安表一只，量程分为 2 mA、20 mA、200 mA 三挡。

在元件区，有 7 只双列直插式集成电路插座(16P 1 只，14P 3 只，8P 3 只)，并有部分常用的电子元件，这些电子元件都装在面板的反面，与面板的电路符号相对应，使用时可按面板上的电路符号直接提取。

操作控制区主要包括直流信号源、AC 50 Hz 交流电源、直流稳压电源等电源。其中，直流信号源提供两路－5 V～＋5 V 可调的直流信号，使用时，先启动±5V 直流稳压电源，再开启直流信号源；直流稳压电源提供模拟电路实验所用的±5 V 电源和两路 0～18 V 可调电源。

附录三 ATF××D 系列 DDS 函数信号发生器简介

1) 前后面板

(1) 前面板(附图 3-1)

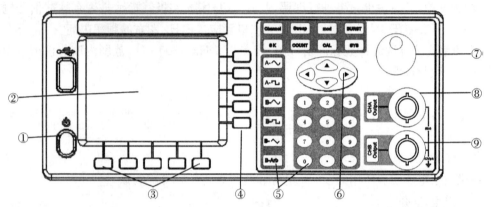

① 电源开关 ② 液晶显示屏 ③ 单位软键 ④ 选项软键 ⑤ 功能键、数字键 ⑥ 方向键
⑦ 调节旋钮 ⑧ 输出 A ⑨ 输出 B

附图 3-1 前面板

英文	Channel	Sweep	mod	BURST	SK	COUNT	CAL	SYS
中文	单频	扫描	调制	触发	键控	计数	校准	系统
英文	A-∿	A-⊓	B-∿	B-⊓	B-∧	B-Arb	CHA Output	CHB Output
中文	A 正弦	A 方波	B 正弦	B 方波	B 三角	B 波形	输出 A	输出 B

(2) 后面板(附图 3-2)

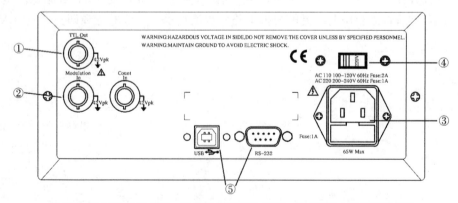

① TTL/10 MHz 输出 BNC ② 调制/外测输入 BNC ③ 电源输入插座/保险丝座
④ AC110/220V 输入电压转换开关 ⑤ RS-232/USB 接口插座

附图 3-2 后面板

2) 屏幕显示说明(附图 3-3)

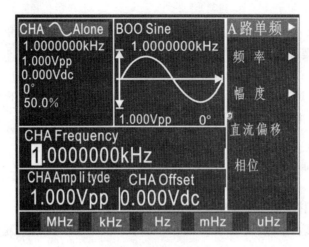

附图 3-3 屏幕显示

① A 路波形显示区:左边上部为 A 路波形示意图及设置参数值。
② B 路波形显示区:中间上部为各种功能下的 B 路波形示意图。
③ 功能菜单:右边中文显示区,上边一行为功能菜单。
④ 选项菜单:右边中文显示区,下边五行为选项菜单。
⑤ 参数菜单:左边英文显示区为参数菜单,自上至下依次为 A 路波形、频率、幅度、偏移、相位、占空比。
⑥ 单位菜单:最下边一行为输入数据的单位菜单。

3) 键盘说明

仪器前面板上共有 38 个按键,可以分为以下五类。

(1) 功能键

① 【Channel】【Sweep】【mod】【BRUST】【SR】键:分别用来选择仪器的 10 种功能。
② 【COUNT】键:用来选择频率计数功能。
③ 【SYS】【CAL】键:用来进行系统设置、参数校准及退出程控操作。
④ 【A-∿】【A-⊓】键:用来选择 A 路波形。
⑤ 【B-∿】【B-⊓】【B-∧】【B-Arb】键:用来选择 B 路波形。
⑥ 【CHA Output】【CHB Output】键:用来开/关 A 路或 B 路输出信号,或者触发 A 路、B 路信号。

(2) 选项软键

屏幕右边有 5 个空白键,其功能随着选项菜单的不同而变化,称为选项软键。

(3) 数据输入键

① 【0】【1】【2】【3】【4】【5】【6】【7】【8】【9】键:用来输入数字。
② 【.】键:用来输入小数点。

③【—】键:用来输入负号。

(4) 单位软键

屏幕下边有五个空白键,其定义随着数据的性质不同而变化,称为单位软键。数据输入之后必须按单位软键,表示数据输入结束并开始生效。

(5) 方向键

①【◀】【▶】键:用来移动光标指示位,转动调节旋钮时可以增减光标指示位的数字。

②【▲】【▼】键:用来步进增减 A 路信号的频率或幅度。

4) 基本操作

下面举例说明基本操作方法,可满足一般使用的需要。

(1) A 路单频

① 按【Channel】键,选中"A 路单频"功能。

② A 路频率设定:按【选项 1】软键,选中"频率",依次按【3】【.】【5】【kHz】键,设定频率值为 3.5 kHz。

③ A 路频率调节:按【◀】【▶】键可移动数据中的白色光标指示位,左右转动调节旋钮可使指示位的数字增大或减小,并能连续进位或借位,由此可任意粗调或细调频率。其他选项数据也都可用旋钮调节,不再赘述。

④ A 路周期设定:按【选项 1】软键,选中"周期",依次按【2】【5】【ms】键,设定周期值为 25 ms。

⑤ A 路幅度设定:按【选项 2】软键,选中"峰峰值",依次按【3】【.】【2】【Vpp】键,设定幅度峰-峰值为 3.2 Vpp。

⑥ A 路幅度设定:按【选项 2】软键,选中"有效值",依次按【1】【.】【5】【Vrms】键,设定幅度有效值为 1.5 V_{rms}。

⑦ A 路偏移设定:按【选项 3】软键,选中"直流偏移",依次按【—】【1】【Vdc】键,设定直流偏移值为 —1 V_{dc}。

⑧ A 路波形选择:按【A-⊓】软键,选择方波。

⑨ A 路占空比设定:按【选项 5】软键,选中"占空比",依次按【2】【5】【%】键,设定脉冲波占空比为 25%。

⑩ A 路频率步进:按【选项 1】软键,选中"步进频率",依次按【1】【2】【.】【5】【Hz】键,设定 A 路步进频率为 12.5 Hz。

再按【Hz】软键,选中"频率",然后每按一次【▲】键,A 路频率增加 12.5 Hz;每按一次【▼】键,A 路频率减少 12.5 Hz。A 路幅度步进的设定方法与此类同。

⑪ A 路相位设定:按【选项 4】软键,选中"相位",依次按【9】【0】【°】键,设定 A 路信号的相位为 90°。

(2) B 路单频

① 按【Channel】键,选中"B 路单频"功能。

② B 路频率、幅度和相位设定:设定方法与 A 路的类同,不再赘述。

③ B 路波形选择：按【A - ⌢】软键，选择三角波。

④ 谐波设定：按【选项 4】软键，选中"谐波"，依次按【3】【Time】键，设定 B 路频率为 A 路的三次谐波。

(3) 频率扫描

① 按【Sweep】键，选中"A 路扫频"功能。

② 始点频率设定：按【选项 1】软键，选中"始点频率"，依次按【1】【0】【kHz】键，设定始点频率值为 10 kHz。

③ 终点频率设定：按【选项 1】软键，选中"终点频率"，依次按【5】【0】【kHz】键，设定终点频率值为 50 kHz。

④ 步进频率设定：按【选项 1】软键，选中"步进频率"，依次按【2】【0】【0】【Hz】键，设定步进频率值为 200 Hz。

⑤ 扫描方式设定：按【选项 3】软键，选中"反向扫描"，设定采用反向扫描方式。

⑥ 间隔时间设定：按【选项 4】软键，选中"间隔时间"，依次按【2】【5】【ms】键，设定间隔时间为 25 ms。

⑦ 手动扫描设定：按【选项 5】软键，选中"手动扫描"，设定采用手动扫描方式，则连续扫描停止，每按一次【CHA Output】软键，A 路频率步进一次。如果不选中"手动扫描"，则连续扫描恢复。频率显示数值随扫描过程同步变化。

(4) 幅度扫描

按【Sweep】键，选中"A 路扫幅"功能，具体设定方法与"A 路扫频"功能类同，不再赘述。

(5) 频率调制

① 按【调制】键，选中"A 路调频"功能。

② 载波频率设定：按【选项 1】软键，选中"载波频率"，依次按【1】【0】【0】【kHz】键，设定载波频率值为 100 kHz。

③ 载波幅度设定：按【选项 2】软键，选中"载波幅度"，依次按【2】【Vpp】键，设定载波幅度值为 $2V_{pp}$。

④ 调制频率设定：按【选项 3】软键，选中"调制频率"，依次按【1】【0】【kHz】键，设定调制频率值为 10 kHz。

⑤ 调频频偏设定：按【选项 4】软键，选中"调频深度"，依次按【5】【.】【2】【%】键，设定调频频偏值为 5.2%。

⑥ 调制波形设定：按【选项 5】软键，选中"调制波形"，依次按【2】【No.】键，设定调制波形（实际为 B 路波形）为三角波。

⑦ 外部调制设定：按【选项 5】软键，选中"外部调制"。

(6) 幅度调制

① 按【mod】键，选中"A 路幅度"功能。

② A 路载波频率、载波幅度、调制频率和调制波形设定：设定方法与"A 路调频"功能类同，不再赘述。

③ 调幅深度设定:按【选项 4】软键,选中"调幅深度",依次按【8】【5】【%】键,设定调幅深度值为 85%。

(7) 触发输出

① 按【BURST】键,选中"B 路触发"功能。

② B 路频率、幅度设定:设定方法与"B 路单频"功能类同,不再赘述。

③ 触发计数设定:按【选项 3】软键,选中"触发计数",依次按【5】【CYCL】键,设定触发计数为 5 个周期。

④ 触发频率设定:按【选项 4】软键,选中"触发频率",依次按【5】【0】【Hz】键,设定脉冲串的重复频率为 50 Hz。

⑤ 单次触发设定:按【选项 5】软键,选中"单次触发",设定采用单次触发方式,则连续触发停止,每按一次【CHB Output】软键,触发输出一次。如果不选中"单次触发",则连续触发恢复。

⑥ 内部触发设定:按【选项 5】软键,选中"内部触发",设定采用内部触发方式,由 B 路信号作为触发源连续触发,B 路要在输出开状态。

⑦ 外部 TTL 触发:按【选项 5】软键,选中"TTL 触发",设定采用 TTL 触发,由后面板上的"Count In"输入信号作为触发源触发。

(8) 频移键控(FSK)

① 按【SK】键,选中"A 路 FSK"功能。

② 载波频率设定:按【选项 1】软键,选中"载波频率",依次按【1】【5】【kHz】键,设定载波频率值为 15 kHz。

③ 载波幅度设定:按【选项 2】软键,选中"载波幅度",依次按【2】【Vpp】键,设定载波幅度值为 2 V_{pp}。

④ 跳变频率设定:按【选项 3】软键,选中"跳变频率",依次按【2】【kHz】键,设定跳变频率值为 2 kHz。

⑤ 间隔时间设定:按【选项 4】软键,选中"间隔时间",依次按【2】【0】【ms】键,设定跳变间隔时间为 20 ms。

(9) 幅移键控(ASK)

① 按【键控】键,选中"A 路 ASK"功能。载波频率、载波幅度和间隔时间的设定方法与"A 路 FSK"功能类同,不再赘述。

② 跳变幅度设定:按【选项 3】软键,选中"跳变幅度",依次按【0】【.】【5】【Vpp】键,设定跳变幅度值为 0.5 V_{pp}。

(10) 相移键控(PSK)

① 按【键控】键,选中"A 路 PSK"功能。载波频率、载波幅度和间隔时间的设定方法与"A 路 FSK"功能类同,不再赘述。

② 跳变相位设定:按【选项 3】软键,选中"跳变相位",依次按【1】【8】【0】【°】键,设定跳变相位值为 180°。

(11) 初始化状态

开机后仪器初始化工作状态如下:

A 路:波形:正弦波	频率:1 kHz	幅度:1 V_{pp}	始点频率:500 Hz
偏移:0 V_{dc}	占空比:50%	始点幅度:10 mV_{pp}	终点频率:50 kHz
时间间隔:10 ms	扫描方式:正向	终点幅度:1 V_{pp}	步进频率:10 Hz
调频深度:10%	载波频率:50 kHz	步进幅度:2 mV_{pp}	触发频率:100 Hz
调幅深度:100%	调制频率:1 kHz	跳变相位:180°	跳变频率:5 kHz
触发计数:3CYCL	输出:关	跳变幅度:10 mV_{pp}	幅度:1 V_{pp}
B 路:波形:正弦波	频率:1 kHz		

附录四　集成电路型号命名方法及产品系列

一、国产半导体集成电路型号命名方法(GB/T 3430—1989)

1) 型号的组成

器件的型号由 5 个部分组成，各部分的符号及意义如附表 4-1 所示。

附表 4-1　集成电路各组成部分的符号及意义

第一部分		第二部分		第三部分	第四部分		第五部分	
用字母表示器件符合国家标准		用字母表示器件的类型		用阿拉伯数字和字符表示器件的系列和品种的代号	用字母表示器件的工作温度范围		用字母表示器件的封装	
符号	意义	符号	意义		符号	意义	符号	意义
C	符合国家标准	T	TTL 电路		C	0 ℃~70 ℃	F	多层陶瓷扁平
		H	HTL 电路		G	−25 ℃~70 ℃	B	塑料扁平
		E	ECL 电路				H	黑瓷扁平
		C	CMOS 电路		L	−25 ℃~85 ℃	D	多层陶瓷双列直插
		F	线性放大电路					
		D	音响、电视电路		E	−40 ℃~85 ℃	P	塑料双列直插
		AD	A/D 转换器		R	−55 ℃~85 ℃	J	黑瓷双列直插
		DA	D/A 转换器		M	−55 ℃~125 ℃	S	塑料单列直插
		W	稳压器				K	金属菱形
		J	接口电路				T	金属圆形
		B	非线性电路				C	陶瓷片状载体
		M	存储器				E	塑料片状载体
		μ	微型机电路				G	网格阵列
		SC	通讯专用电路					
		SS	敏感电路					
		SW	钟表电路					

2) 示例

(1) 肖特基 TTL 双输入四与非门

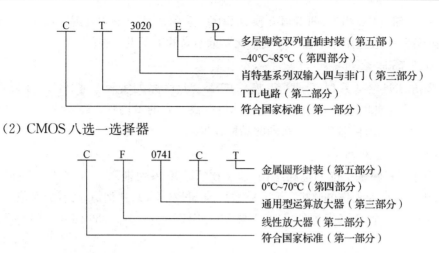

(2) CMOS 八选一选择器

二、国产 TTL 产品系列

TTL 集成电路是数字集成电路的主要品种之一，产量和应用均名列前茅。目前国内外各生产厂家大都参照美国 Texas（德克萨斯）公司生产的 SN54/74 系列产品作为 TTL 电路的通用系列品种。SN54/74 系列各产品的主要特性如附表 4-2 所示。SN54 为军用系列，SN74 为民用系列。SN54 的工作温度范围为 $-55\,℃\sim +125\,℃$，供电电压偏差范围 $V_{cc}=5\pm 10\%$ V；SN74 则分别为 $0\,℃\sim +70\,℃$ 和 $5\pm 10\%$ V；两者的其余参数值基本相同。

附表 4-2 SN54/74 系列各产品的主要特性参数

参数名称	SN74	SN74S	SN74H	SN74LS
电源电压 /V	5	5	5	5
逻辑"1"输入/输出电压 /V	2/2.4	2/2.7	2/2.4	2/2.7
逻辑"0"输入/输出电压 /V	0.8/0.4	0.8/0.5	0.8/0.4	0.8/0.5
高电平噪声容限 /V	0.4	0.7	0.4	0.7
低电平噪声容限 /V	0.4	0.3	0.4	0.4
扇出系数	10	10	10	20
每门功耗 P /mW	10	20	23	2
平均延迟时间 t_{pd}/ns	10	3	6	9.5

1) T000 系列

这是参考 Texas 的 SN74 系列标准，结合我国实际情况而设计的产品，其中有些品种（如与或非门、JK 触发器及十进制计数器等）的引脚排列与 SN74 系列并不一致，因此两者不能完全互换。该产品由于工艺关系，通用性较差，目前已不再发展。

2) T1000 系列

T1000 系列是中速 TTL 系列。该系列品种的电路结构、性能指标及引脚排列等都是仿照 SN54/74 系列的，因此可以和 SN54/74 系列相应集成电路直接互换使用。例如八输入端与非门 T1030 与 SN7430 相当,两者可互换。T1000 系列产品的平均延迟时间为 10 ns 左右,噪声容限不高,一般适用于对速度和抗干扰要求不高的电子设备中。

3) T2000 高速系列

T2000 为仿 SN54/74 系列(可直接互换)的产品。这个系列实际上是 STD-TTL 的改进版,主要采用了浅饱和电路结构,使得工作速度提高。它的平均延迟时间约为 6 ns,但功耗上升为 23 mW。国内目前 T2000 系列的品种较少。

4) T3000 高速系列

该系列采用了肖特基抗饱和电路结构,速度比 T2000 系列提高一倍,平均延迟时间为 3 ns,主要适用于需高速工作的整机。T3000 系列与 SN54/74 系列相仿,两者的对应产品可直接互换。如含有 4 个 D 触发器的 T3175 与 SN74S175 对应,SN7686 四异或门与 T3086 相当等等。

5) T4000 低功耗肖特基系列

这是仿 SN54LS/74LS 系列的产品,特点是低功耗,每门功耗小于 2 mW,仅为 T1000 系列的 1/5。由于功耗低,速度又略高于 T1000 系列,T4000 是 TTL 电路中性价比最高的品种,很有发展前途。国内外的许多厂家都把该系列作为 TTL 电路的主要产品系列,其品种和数量均很多。今后一段时期内,在 TTL 电路的应用中,T4000 系列产品将占明显优势。

附录五　CMOS集成电路

一、CMOS集成电路的性能及特点

1) 功耗低

CMOS集成电路采用场效应管且都是互补结构,工作时两个串联的场效应管总是处于一个管导通,另一个管截止的状态,电路静态功耗理论上为0。实际上,由于存在漏电流,CMOS电路尚有微量静态功耗。单个门电路的功耗典型值仅为 20 mW,动态功耗(在 1 MHz工作频率时)也仅为几毫瓦。

2) 工作电压范围宽

CMOS集成电路供电简单,供电电源体积小,基本上不需要稳压。国产 CC4000 系列的集成电路可在 3~18 V 电压下正常工作。

3) 逻辑摆幅大

CMOS集成电路的逻辑高电平"1"、逻辑低电平"0"分别接近于电源高电位 V_{DD} 及电源低电位 V_{SS}。当 $V_{DD}=15$ V,$V_{SS}=0$ V 时,输出逻辑摆幅近似为 15 V。因此,CMOS集成电路的电压利用系数在各类集成电路中指标是较高的。

4) 抗干扰能力强

CMOS集成电路的电压噪声容限的典型值为电源电压的 45%,保证值为电源电压的 30%。随着电源电压的增加,噪声容限电压的绝对值将成比例增加。对于 $V_{DD}=15$ V 的供电电压(当 $V_{SS}=0$ V 时),电路将有 7 V 左右的噪声容限。

5) 输入阻抗高

CMOS集成电路的输入端一般是由保护二极管和串联电阻构成的保护网络,故比一般场效应管的输入电阻稍小,但在正常工作电压范围内,这些保护二极管均处于反向偏置状态,直流输入阻抗取决于这些二极管的泄漏电流。通常情况下,等效输入阻抗高达 10^3 ~ 10^{11} Ω。因此,CMOS集成电路几乎不消耗驱动电路的功率。

6) 温度稳定性能好

由于CMOS集成电路的功耗很低,内部发热量少,而且 CMOS 电路线路结构和电气参数都具有对称性,在温度环境发生变化时,某些参数能起到自动补偿作用,因而 CMOS 集成电路的温度特性非常好。一般陶瓷金属封装电路的工作温度为 -55 ℃~+125 ℃,塑料封装电路的工作温度范围为 -45 ℃~+85 ℃。

7) 扇出能力强

扇出能力是用电路输出端所能带动的输入端数来表示的。由于 CMOS 集成电路的输入阻抗极高,因此电路的输出能力受输入电容的限制,但是当 CMOS 集成电路用来驱动同类型,如不考虑速度,一般可以驱动 50 个以上的输入端。

8) 抗辐射能力强

CMOS 集成电路中的基本器件是 MOS 晶体管,属于多数载流子导电器件,各种射线、辐射对其导电性能的影响都有限,因而特别适用于制作航天及核试验设备。

9) 可控性好

CMOS 集成电路输出波形的上升和下降时间可以控制,其输出波形的上升和下降时间的典型值为电路传输延迟时间的 125%～140%。

10) 接口方便

因为 CMOS 集成电路的输入阻抗高且输出摆幅大,所以易于被其他电路所驱动,也容易驱动其他类型的电路或器件。

二、CMOS 集成电路使用注意事项

1) CMOS 集成电路的安装

为了避免因静电感应而损坏电路,焊接 CMOS 集成电路所使用的电烙铁必须良好接地,焊接时间不得超过 5 s。最好使用 20～25 W 内热式电烙铁和 502 环氧助焊剂,必要时可使用插座。

在接通电源的情况下,不应装拆 CMOS 集成电路。凡是与 CMOS 集成电路接触的工序,使用的工作台及地板严禁铺垫高绝缘的板材(如橡胶板、玻璃板、有机玻璃、胶木板等),应在工作台上铺放严格接地的细钢丝网或铜丝网,并经常检查接地可靠性。

2) CMOS 集成电路的测试

测试时所有 CMOS 集成电路的仪器、仪表均应良好接地。如果是低阻信号源,应保证输入信号不超过 CMOS 集成电路的电源电压范围(C×××系列为 7～15 V,CC4000 系列为 3～18 V),即 $V_{SS} \leqslant V_i \leqslant V_{DD}$。如果输入信号一定要超过 CMOS 集成电路的电源电压范围,则应在输入端加一个限流电阻,使输入电流不超过 5 mA,以避免 CMOS 集成电路内部的保护二极管烧毁。

若信号源和 CMOS 集成电路用两组电源,开机时,应先接通 CMOS 集成电路电源,后接通信号源电源;关机时,应先关闭信号源电源,后关闭 CMOS 集成电路电源。

3) CMOS 集成电路的保护措施

因为 CMOS 集成电路输入阻抗极高,随机的静电积累很可能使电路引出端任意两端的电压超过 MOS 管栅击穿电压,从而引起电路损坏。所以,CMOS 集成电路不用时应把电路的外引线全部短路,或放在导电的屏蔽容器内,以防被静电击穿。

4) CMOS 集成电路的互换

在使用中有些 CMOS 集成电路是可以直接互换使用的,如国产 CC4000 系列可与国外产品 CD4000、MC14000 系列直接代换。

对于那些管脚排列和封装形式完全一致,但电参数有所不同的 CMOS 集成电路,换用时要十分注意。如国产 CC4000 和 C×××中有些品种的工作电压有所差异,换用时要考虑

到电源供电及负载能力问题。另外,对于那些封装形式及管脚排列不同的 CMOS 集成电路,一般不能直接代换。如果需要换用,则应做一些相应的变换以使两者功能相同的引出端一一对应。

三、CMOS 集成电路应用常识

1) 电路的极限范围

附表 5-1 列出了 CMOS 集成电路的一般参数,附表 5-2 列出了 CMOS 集成电路的极限参数。CMOS 集成电路在使用过程中是不允许在超过极限的条件下工作的。当电路在超过最大额定值条件下工作时,很容易造成电路损坏或者使电路不能正常工作。

附表 5-1 CMOS 集成电路(CC4000 系列)的一般参数表

参数名称	符号	单位	电源电压 V_{DD}/V	参数	
				最大值	最小值
静态功耗电流	I_{DD}	μA	5		0.25
			10		0.50
			15		1.00
输入电流	I_I	uA	18	±0.1	
输出低电平电流	I_{OL}	mA	5	0.51	
			10	1.3	
			15	3.4	
输出高电平电流	I_{OH}	mA	5	−0.51	
			10	−1.3	
			15	−3.4	
输入逻辑低电平电压	V_{IL}	V	5		1.5
			10		3
			15		4
输入逻辑高电平电压	V_{IH}	V	5	3.5	
			10	7	
			15	11	
输出逻辑低电平电压	V_{OL}	V	5		0.05
			10		0.05
			15		0.05

附表 5-2 CMOS 集成电路(CC4000 系列)的极限参数表

参数名称		符号	极限值
最高直流电源电压		V_{DDmax}	+18 V
最低直流电源电压		V_{SSmin}	−0.5 V
最高输入电压		U_{Imax}	V_{DD}+0.5 V
最低输入电压		U_{Imin}	−0.5 V
最大直流输入电流		I_{Imax}	±10 mA
储存温度范围		T_S	−65 ℃～+100 ℃
工作温度范围	(1) 陶瓷扁平封装	T_A	−55 ℃～+100 ℃
	(2) 陶瓷双列直插封装		−55 ℃～+125 ℃
	(3) 塑料双列直插封装		−40 ℃～+85 ℃
最大允许功耗	(1) 陶瓷扁平封装 T_A=−55 ℃～+100 ℃	P_M	200 mW
	(2) 陶瓷双列直插封装 T_A=−55 ℃～+100℃ T_A=+100 ℃～+250 ℃		500 mW 200 mW
	(3) 塑料双列直插封装 T_A=−55 ℃～+60 ℃ T_A=+60 ℃～+85 ℃		500 mW 200 mW
外引线焊接温度(离封装根部(1.59±0.97) mm 处焊接,设定焊接时间为 10 s)		T_L	+265 ℃

应当指出的是,CMOS 集成电路虽然允许处于极限条件下工作,但此时对电源设备应采取稳压措施。这是因为当供电电源开启或关闭时,电源上脉冲波的幅度很可能超过极限值,会将电路中各 MOS 晶体管电极之间击穿。上述现象有时并不呈现电路失效或损坏现象,但有可能缩短电路的使用寿命,或者在芯片内部留下隐患,使电路的性能指标逐渐变差。

2) 工作电压、极性及其正确选择

在使用 CMOS 集成电路时,工作电压的极性必须正确无误,如果颠倒错位,在电路的正、负电源引出端或其他有关功能端上,只要出现大于 0.5 V 的反极性电压,就会造成电路的永久失效。

虽然 CMOS 集成电路的工作电压范围很宽,如 CC4000 系列电路在 3～18 V 的电源电压范围内都能正常工作,但使用时应充分考虑以下几点:

(1) 输出电压幅度的考虑

电路工作时,所选取的电源工作电压高低与电路输出电压幅度大小密切相关。由于 CMOS 集成电路输出电压幅度接近于电路的工作电压值,因此供给电路的正、负工作电压范围可略大于电路要求输出的电压幅度。

(2) 电路工作速度的考虑

CMOS 集成电路的工作电压选择直接影响电路的工作速度。对 CMOS 集成电路提出的工作速度或工作频率指标要求往往是选择电路工作电压的考虑因素。如果降低 CMOS 集成电路的工作电压,必将降低电路的速度或频率指标。

(3) 输入信号大小的考虑

工作电压将限制 CMOS 集成电路的输入信号的摆幅,对于 CMOS 集成电路来说,除非对流经电路输入端保护二极管的电流施加限流控制,输入电路的信号摆幅一般不能超过供给电压范围,否则将会导致电路的损坏。

(4) 电路功耗的限制

CMOS 集成电路所选取的工作电压越高,功耗就越大。但由于 CMOS 集成电路功耗极小,所以在系统设计中,功耗并不是主要考虑的设计指标。

3) 输入和输出端使用规则

(1) 输入端的保护方法

在 CMOS 集成电路的使用中,要求输入信号幅度不能超过 V_{DD}—V_{SS},输入信号电流绝对值应小于 10 mA。如果输入端接有较大的电容 C 时,应加保护电阻 R,如附图 5-1 所示。R 的阻值约为几十欧至几十千欧。

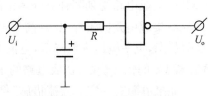

附图 5-1 输入端的保护方法

(2) 多余输入端的处理

CMOS 集成电路多余输入端的处理比较简单,下面以或门及与门为例进行说明。如附图 5-2 所示,或门(或非门)的多余输入端应接至 V_{SS} 端,与门(与非门)的多余输入端应接至 V_{DD} 端。当电源稳定性较差或外界干扰较大时,多余输入端一般不直接与电源(地)相连,而是通过一个电阻再与电源(地)相连,如附图 5-3 所示,R 的阻值约为几百千欧。

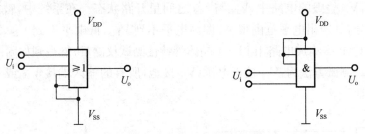

附图 5-2 多余输入端的处理

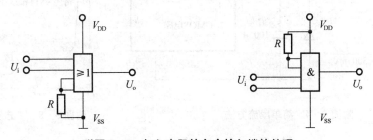

附图 5-3 加入电阻的多余输入端的处理

另外,采用输入端并联的方法来处理多余的输入端也是可行的。但这种方法只能在电路工作速度不高,功耗不大的情况下使用。

(3) 多余门的处置

CMOS 集成电路在一般使用中,可将多余门的输入端接 V_{DD} 或 V_{SS},而输出端可悬空不管。当用 CMOS 集成电路来驱动较大输入电流的元器件时,可将多余门按逻辑功能并联使用。

④ 输出端的使用方法

在高速数字系统中,负载的输入电容将直接影响信号的传输速度,在这种情况下,CMOS 集成电路的扇出系数一般取为 10~20。此时,如果输出能力不足,通常的解决方法是选用驱动能力较强的缓冲器(如四同相/反相缓冲器 CC4041),以增强输出端吸收电流的能力。

4) 寄生可控硅效应的防护措施

由于 CMOS 集成电路的互补特点,导致在电路内部有一个寄生的可控硅(VS)效应。当 CMOS 集成电路受到某种意外因素激发,如电感、电火花,在电源上引起的噪声往往要超过 CMOS 集成电路的击穿电压(约 25 V)。这时,集成电路的 V_{DD} 端和 V_{SS} 端之间会出现一种低阻状态,电源电压突然降低,电流突然增加,如果电源没有限流措施,就会把电路内部连接 V_{DD} 或 V_{SS} 的铝线烧断,造成电路的永久性损坏。

如果电源有一定的限流措施(例如电源电流限制在 250 mA 以内),那么在出现大电流、低电压状态时,及时关断电源就能保证电路安全无损,而重新打开电源后电路仍能正常工作。简单的限流方法是用电阻和稳压管进行限流,如附图 5-4 所示。图中稳压管的击穿电压就是 CMOS 集成电路的工作电压,电阻用来限流,电容用来提供电路翻转时所需的瞬态电流。

寄生 VS 效应造成损坏的电路用万用表电阻挡就可判断。正常电路中,V_{DD} 与 V_{SS} 之间有二极管特性;VS 烧毁的电路中,V_{DD} 与 V_{SS} 之间呈开路状态。在系统中,被损坏的电路如果加入交流信号,其输出电平范围很窄,即高电平不到 V_{DD},低电平不到 V_{SS},而且不能驱动负载。正常的 CMOS 集成电路用 JT-1 晶体管特性测试仪测量,能得到如附图 5-5 所示的击穿特性曲线。测试方法为:V_{DD} 接正电源,V_{SS} 接地,所有的输入端接 V_{DD} 或 V_{SS},测量集成电路的击穿特性。

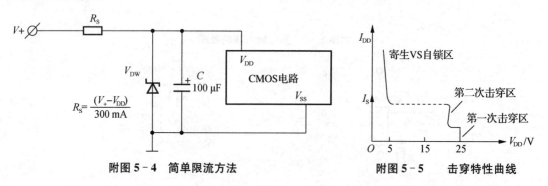

附图 5-4　简单限流方法　　　　　附图 5-5　击穿特性曲线

附录六 集成电路图

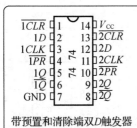

带预置和清除端双D触发器

四2输入与非门

四2输入与非门(OC)

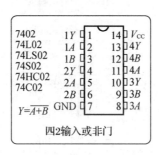

四2输入或非门

7403 74L03 74LS03 74S03 74HC03 $Y=\overline{AB}$ 四2输入与非门(OC)

7404 74H04 74L04 74LS04 74S04 74HC04 74C04 $Y=\overline{A}$ 六反相器

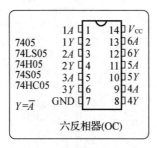

六反相器(OC)

7406 74LS06 耐压:30 V $Y=\overline{A}$ 六反相器(OC)高压输出型

7407 74LS07 74HC07 耐压:30 V $Y=\overline{A}$ 六缓冲驱动器(OC,高压输出型)

7408 74LS08 74S08 74HC08 74C08 $Y=AB$ 74××00与门型 四2输入与门

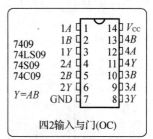

7409 74LS09 74S09 74C09 $Y=AB$ 四2输入与门(OC)

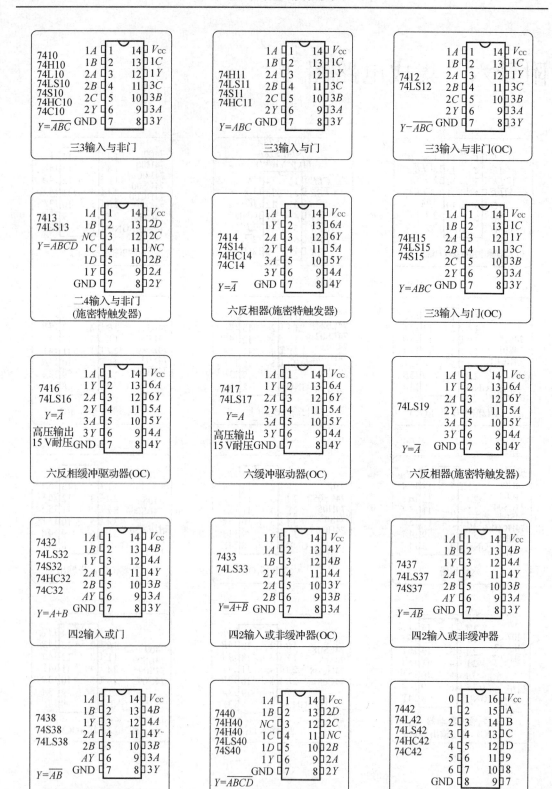

附 录

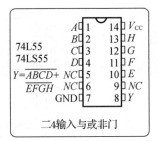

二4输入与或非门

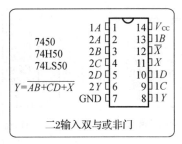

二2输入双与或非门

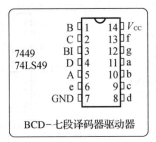

BCD-七段译码器驱动器

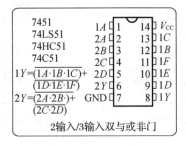

2输入/3输入双与或非门

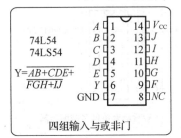

四组输入与或非门

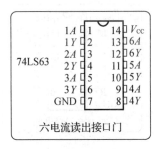

六电流读出接口门

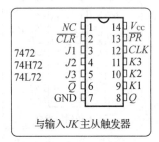

与输入JK主从触发器

参考文献

[1] 国家技术监督局. 电子设备用固定电阻器、固定电容器型号命名方法:GB/T 2470—1995[S]. 北京:中国标准出版社,2004.

[2] 国家质量监督检验检疫总局,中国国家标准化管理委员会. 半导体分立器件型号命名方法:GB/T 249—2017[S]. 北京:中国标准出版社,2017.

[3] 中华人民共和国机械电子工业部. 半导体集成电路型号命名方法:GB 3430—1989[S]. 北京:中国标准出版社,1989.

[4] 康华光主编,华中科技大学电子技术课程组编. 电子技术基础:模拟部分[M]. 6版. 北京:高等教育出版社,2013:169-190,348-366,396-410.

[5] 叶挺秀,张伯尧主编,浙江大学电工电子基础教学中心电工学组编. 电工电子学[M]. 4版. 北京:高等教育出版社,2014:102-120.

[6] 杨素行主编,清华大学电子学教研组编. 模拟电子技术基础简明教程[M]. 3版. 北京:高等教育出版社,2006:224-260.

[7] 康华光主编,华中科技大学电子技术课程组编. 电子技术基础:数字部分[M]. 5版. 北京:高等教育出版社,2006:205-229,245-286.

[8] 谢自美. 电子线路设计·实验·测试[M]. 2版. 武汉:华中理工大学出版社,2000:3-15,400-430,458-460.

[9] 赵红梅,米启超. 放大器干扰、噪声抑制和自激振荡的消除[J]. 平顶山师专学报,2002,17(5):33-35.

[10] 徐小林,任卫国,晁阳. 电子技术实验中误差分析与测量结果的处理[J]. 武警工程学院学报,2003,19(6):58-60.

[11] 李艳丽. 电阻器的种类及识别[J]. 农业科技与装备,2013(1):46-47.

[12] 梅砚君. 电容器的种类及用途[J]. 实验教学与仪器,2011(12):26-28.